上海海洋大学和上海镛石信息科技有限公司联合出品

人工智能

应用与开发

主　编｜袁红春　梅海彬
副主编｜张天蛟　王德兴　杨蒙召　顾蓓蓓

上海交通大学出版社
SHANGHAI JIAO TONG UNIVERSITY PRESS

内容提要

本书主要介绍 Python 编程基础、人工智能典型模型与算法及相关应用案例。全书共 19 章,分为 4 篇:Python 基础、有监督学习经典模型、无监督学习经典模型、神经网络与深度学习,由浅入深较完整地介绍各种常见的机器学习模型,并提供应用案例及关键代码。本书适合对人工智能、机器学习、数据分析等方向感兴趣的初学者和爱好者。

图书在版编目(CIP)数据

人工智能应用与开发/ 袁红春,梅海彬主编. 一上海:上海交通大学出版社,2022.10(2024.7 重印)
ISBN 978 - 7 - 313 - 25184 - 8

Ⅰ. ①人… Ⅱ. ①袁… ②梅… Ⅲ. ①人工智能－基本知识 Ⅳ. ①TP18

中国版本图书馆 CIP 数据核字(2021)第 144489 号

人工智能应用与开发
RENGONG ZHINENG YINGYONG YU KAIFA

主　编:袁红春　梅海彬			
出版发行:上海交通大学出版社		地　址:上海市番禺路 951 号	
邮政编码:200030		电　话:021 - 64071208	
印　制:上海万卷印刷有限公司		经　销:全国新华书店	
开　本:787 mm×1092 mm　1/16		印　张:14.75	
字　数:319 千字			
版　次:2022 年 10 月第 1 版		印　次:2024 年 7 月第 2 次印刷	
书　号:ISBN 978 - 7 - 313 - 25184 - 8			
定　价:68.00 元			

前　言

　　人工智能(artificial intelligence)是研究和开发用于模拟、延伸和扩展人的智能的理论、方法、技术及应用系统的一门新的技术科学,是计算机科学的一个分支。它企图了解智能的实质,并生产出一种新的能以人类智能相似的方式做出反应的智能机器。该领域的研究包括机器学习、计算机视觉、自然语言处理、知识表示、自动推理和机器人等。其中机器学习是人工智能的核心,是使计算机具有智能的根本途径,它能使计算机不断从经历和数据中吸取经验教训,从而应对未来的预测任务。

　　本书按照人工智能内容的分类和读者的学习规律循序渐进、由浅入深地进行讲解。特色是内容精练、重点突出;图文并茂、推陈出新;兴趣驱动、范例说明;章节衔接、理论铺垫;系统全面、案例丰富。

　　本书从 Python 基础开始讲解,然后介绍了人工智能相关模型的基本原理和应用案例,由浅入深较完整地介绍各种常见的机器学习模型,并提供应用案例及关键代码,适合初学者作为入门书籍学习。

　　本书主要分四篇进行讲解和实践:Python 基础、监督学习、无监督学习和人工神经网络,并在章节后有应用举例便于读者加深理解与实践。

　　第一篇 Python 基础篇主要包括 Python 简介、环境搭建、基础语法、基本运算、流程控制和相关工具包的安装与使用。

　　第二篇有监督学习经典模型篇包括机器学习中常见的预测方法,解决分类问题和回归问题;主要介绍了线性分类器、K 近邻算法、贝叶斯模型、支持向量机和决策树等八种常用机器学习模型。

1

第三篇无监督经典学习篇介绍了数据分析常用的无监督学习模型,包括数据降维和聚类问题。

第四篇神经网络与深度学习篇介绍了神经网络基础和典型的神经网络模型,包括 BP 神经网络、循环神经网络和卷积神经网络。

由于编者学识有限,加之人工智能发展迅速,对于某些新领域我们尚不够熟悉,因此,书中不妥及疏漏之处恳请各位专家和读者批评指正。

目　录

Python 基础篇

第 1 章　Python 概述 ································· 3

1.1　Python 简介 ································· 3

1.2　Python 的应用领域 ······················ 4

1.3　Python 的环境搭建 ······················ 4

1.4　Python 的基本语法 ······················ 5

1.5　本章小结 ································· 10

第 2 章　Python 数据类型 ······················ 11

2.1　基本数据类型 ······················ 11

2.2　组合数据类型 ······················ 12

2.3　本章小结 ································· 20

第 3 章　Python 数据运算 ······················ 21

3.1　算术运算符 ······················ 21

3.2　比较(关系)运算符 ······················ 24

3.3　赋值运算符 ······················ 25

3.4　位运算符 ································· 26

3.5　逻辑运算符 ······················ 29

3.6　成员运算符 ······················ 30

3.7　身份运算符 ······················ 31

3.8 运算符优先级 ……………………………………………………………… 31

3.9 本章小结 …………………………………………………………………… 32

第4章 Python 流程控制 …………………………………………………… 33

4.1 顺序结构 …………………………………………………………………… 33

4.2 分支结构(if 语句) ……………………………………………………… 33

4.3 循环语句 …………………………………………………………………… 35

4.4 异常处理 …………………………………………………………………… 38

4.5 本章小结 …………………………………………………………………… 40

第5章 Python 函数设计 …………………………………………………… 41

5.1 函数概述 …………………………………………………………………… 41

5.2 函数的参数传递 …………………………………………………………… 42

5.3 函数的返回值 ……………………………………………………………… 44

5.4 函数的递归 ………………………………………………………………… 45

5.5 内置函数 …………………………………………………………………… 46

5.6 高阶函数 …………………………………………………………………… 46

5.7 模块概述 …………………………………………………………………… 49

5.8 __name__属性和 dir 函数 ……………………………………………… 49

5.9 本章小结 …………………………………………………………………… 50

第6章 Python 编程库(模块)的导入 ………………………………… 51

6.1 基本概念 …………………………………………………………………… 51

6.2 模块的导入方法 …………………………………………………………… 52

6.3 常见科学类库及其使用 …………………………………………………… 55

6.4 本章小结 …………………………………………………………………… 60

有监督学习经典模型篇

第7章 线性分类器 …………………………………………………………… 63

7.1 线性分类器的基本原理 …………………………………………………… 63

7.2 设计线性分类器 …………………………………………………………… 66

7.3 应用举例——良/恶性乳腺癌肿瘤预测 ………………………………… 68

7.4 本章小结 …………………………………………………………………… 70

第 8 章   *K* 近邻算法 ·· 71

8.1   算法原理 ··· 71

8.2   KNN 的改进 ·· 74

8.3   应用举例——电影评分预测 ··· 76

8.4   本章小结 ··· 78

第 9 章   支持向量机 ·· 79

9.1   概述 ··· 79

9.2   基本算法 ··· 80

9.3   应用场景 ··· 84

9.4   应用举例——海流流速预测 ··· 85

9.5   本章小结 ··· 88

第 10 章   决策树 ··· 89

10.1   概述 ·· 89

10.2   基本原理 ··· 91

10.3   基本方法 ··· 93

10.4   应用举例——性别判断 ·· 97

10.5   本章小结 ·· 99

第 11 章   贝叶斯分类器 ··· 100

11.1   概述 ·· 100

11.2   基本原理 ··· 101

11.3   基本方法 ··· 103

11.4   应用举例——贝叶斯实现影评观众情绪分类 ················· 107

11.5   本章小结 ·· 108

第 12 章   集成学习 ·· 109

12.1   概述 ·· 109

12.2   集成学习主要策略 ·· 111

12.3   集成学习应用领域 ·· 113

12.4   应用举例——泰坦尼克号乘客生存预测 ························· 114

12.5   本章小结 ··· 116

第 13 章   线性回归 ·· 117

13.1   概述 ·· 117

13.2 基本原理 ·· 118

13.3 基本算法 ·· 119

13.4 应用举例——溶解氧预测 ···················· 123

13.5 本章小结 ·· 125

第 14 章 逻辑回归 ·· 126

14.1 概述 ·· 126

14.2 基本原理 ·· 127

14.3 基本算法 ·· 128

14.4 应用举例——鸢尾花分类 ···················· 132

14.5 本章小结 ·· 134

无监督学习经典模型篇

第 15 章 无监督学习 ···································· 137

15.1 概述 ·· 137

15.2 聚类及其性能度量 ······························ 137

15.3 距离计算 ·· 139

15.4 k 均值算法 ······································ 141

15.5 主成分分析法 ···································· 142

15.6 本章小结 ·· 143

神经网络与深度学习篇

第 16 章 人工神经网络 ································ 147

16.1 生物神经网络 ···································· 147

16.2 人工神经元 ······································ 148

16.3 人工神经网络拓扑特性 ······················ 152

16.4 存储与映射 ······································ 158

16.5 人工神经网络训练 ···························· 160

16.6 本章小结 ·· 162

第 17 章 BP 神经网络 ·································· 163

17.1 概述 ·· 163

17.2　BP 的基本算法 ··· 164

17.3　BP 算法的改进 ··· 169

17.4　BP 算法的理论 ··· 171

17.5　几个问题的讨论 ··· 175

17.6　应用举例——基于 BP 神经网络的溶解氧预测 ················ 177

17.7　本章小结 ·· 180

第 18 章　循环神经网络 ·· 181

18.1　循环神经网络简介 ··· 183

18.2　长短期记忆网络简介 ··· 184

18.3　应用举例——基于 LSTM 的渔业产量预测 ···················· 194

18.4　本章小结 ·· 198

第 19 章　卷积神经网络 ·· 199

19.1　概述 ··· 199

19.2　网络结构 ·· 200

19.3　训练方法 ·· 204

19.4　常见网络模型 ··· 207

19.5　迁移学习 ·· 210

19.6　应用举例——基于 CNN 的水产图像识别方法 ················ 212

19.7　本章小结 ·· 218

参考文献 ··· 219

Python 基础篇

Python 基础篇

第 1 章　Python 概述

1.1　Python 简介

Python 是一种广泛使用的解释型、高级编程、通用型编程语言,第一版发布于 1991 年。可以视之为一种改良(加入一些其他编程语言的优点,如面向对象)的 LISP 语言。Python 的设计哲学强调代码的可读性和简洁的语法(尤其是使用空格缩进划分代码块,而非使用大括号或者关键词)。相比于 C++或 Java,Python 让开发者能够用更少的代码表达想法。不管是小型还是大型程序,该语言都试图让程序的结构清晰明了。

Python 解释器本身几乎可以在所有的操作系统中运行。Python 的一个解释器 CPython 是用 C 语言编写的,它是一个由社群驱动的自由软件,目前由 Python 软件基金会管理。

Python 的创始人为吉多·范罗苏姆(Guido Van Rossum)。1989 年的圣诞节期间,吉多·范罗苏姆为了在阿姆斯特丹打发时间,决心开发一个新的脚本解释程序,作为 ABC 语言的一种继承。之所以选中 Python 作为编程的名字,是因为他是 BBC 电视剧——蒙提·派森的飞行马戏团的爱好者。ABC 是由吉多参加设计的一种教学语言。就吉多本人看来,ABC 这种语言非常优美和强大,是专门为非专业程序员设计的。但是 ABC 语言并没有成功,究其原因,吉多认为是非开放性造成的。吉多决心在 Python 中避免这一错误,并取得了非常好的效果,完美结合了 C 语言和其他一些语言。

就这样,Python 在吉多手中诞生了。实际上,第一个实现是在 Mac 电脑上。可以说,Python 是从 ABC 发展起来,主要受到了 Modula-3(另一种为小型团体所设计的,相当优美且强大的语言)的影响。并且结合了 Unix shell 和 C 的习惯。

当前吉多仍然是 Python 的主要开发者,并决定整个 Python 语言的发展方向。Python 社群经常称呼他是"终身仁慈独裁者"。

Python 2.0 于 2000 年 10 月 16 日发布,增加了实现完整的垃圾回收,并且支持 Unicode。同时,整个开发过程更加透明,社群对开发进度的影响逐渐扩大。

Python 3.0 于 2008 年 12 月 3 日发布,此版不完全兼容之前的 Python 源代码。不过,很多新特性后来也被移植到旧的 Python 2.6/2.7 版本中。

3

1.2　Python 的应用领域

尽管今天 PHP 依然是 Web 开发的流行语言,但 Python 上升势头更加强劲。随着 Python 的 Web 开发框架逐渐成熟,比如耳熟能详的 Django 和 Flask 框架,可以快速地开发功能强大的 Web 应用。

网络爬虫的真正作用是从网络上获取有用的数据或信息,可以节省大量人工时间。能够编写网络爬虫的编程语言有不少,但 Python 绝对是其中的主流之一。Python 自带的 urllib 库,第三方的 requests 库和 Scrappy 框架让开发爬虫变得非常容易。

随着 NumPy、SciPy、Matplotlib 等众多程序库的开发和完善,Python 越来越适合做科学计算和数据分析了。它不仅支持各种数学运算,还可以绘制高质量的 2D 和 3D 图像。

Python 在人工智能大范畴内的机器学习、神经网络、深度学习等方面都是主流的编程语言,得到广泛的支持和应用。最流行的神经网络框架如 Facebook 的 PyTorch 和 Google 的 TensorFlow 都采用了 Python 语言。

在很多操作系统里,Python 是标准的系统组件。一般说来,Python 编写的系统管理脚本在可读性、性能、代码重用度、扩展性等方面都优于普通的 shell 脚本。

Python 最强大之处在于模块化和灵活性,例如,构建云计算平台的 IaaS 服务的 OpenStack 就是采用的 Python,云计算的其他服务也都是在 IaaS 服务之上。

1.3　Python 的环境搭建

1.3.1　安装 Python

首先,检查你的系统是否安装了 Python。为此,在"开始"菜单中输入 cmd 并按回车以打开一个命令窗口;在命令窗口中输入 python 并按回车;如果出现了 Python 提示符(＞＞＞),就说明你的系统安装了 Python。但是,你也可能会看到一条错误消息,指出 python 是无法识别的命令。如果是这样,就需要下载 Windows Python 安装程序。为此,请访问 http://python.org/downloads/。单击用于下载 Python 3 的按钮,这会根据你的系统自动下载正确的安装程序。下载安装程序后,运行它。请务必勾选复选框 **Add Python to PATH**(见图 1-1),这让你能够更轻松地配置系统。

1.3.2　启动 Python 终端会话

通过配置系统,让其能够在命令会话中运行 Python,可简化文本编辑器的配置工作。

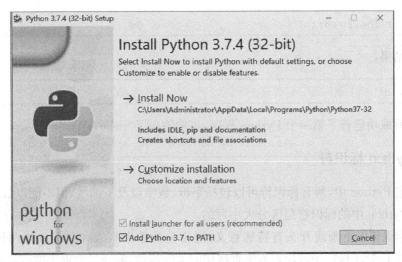

图 1 - 1　**Python 安装示例**

打开一个命令窗口,并在其中执行命令 Python。如果出现了 Python 提示符($>>>$),就说明 Windows 找到了刚安装的 Python 版本(见图 1 - 2)。

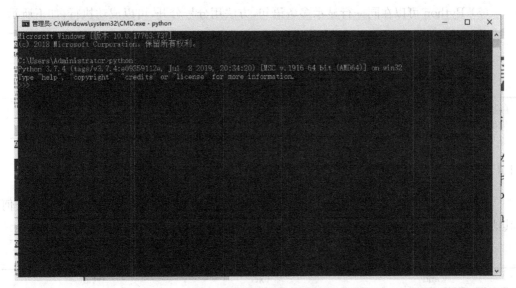

图 1 - 2　**验证 Python 安装**

1.4　Python 的基本语法

1.4.1　第一个 Python 程序

首先,我们来写一个简单的 hello world 程序,使用命令窗口来编写第一个代码,打开命令窗口,然后输入代码,单击 enter 键,查看运行结果:

```
> > > print('hello world!')
```

输出结果：

```
hello world!
```

这样我们就成功运行了第一个 Python 程序，成功输出了"hello，World!"。

1.4.2 Python 标识符

（1）在 Python 中，所有标识符可以包括字母、数字以及下画线，但不能以数字开头。

（2）Python 中的标识符是区分大小写的。

（3）标识符以下画线开头有特殊意义，通常分为单下画线和双下画线两种标识符。以单下画线开头，例如，_foo 代表不能直接访问类的属性，需通过类提供的接口进行访问，不能用 from xxx import * 导入。

（4）以双下画线开头和结尾的 __ foo __ 代表 Python 里特殊方法专用的标识，例如，__ init __()代表类的构造函数。

（5）Python 可以在同一行显示多条语句，方法用分号分开，可以成功执行，如下所示。

```
print('Hello world!'); print('你好!')
```

输出结果：

```
Hello world!
你好!
```

1.4.3 Python 保留字符

Python 中的保留字符如表 1-1 所示。这些保留字符不能用作常数或变数，或任何其他标识符名称。所有 Python 的关键字符只包含小写字母。

表 1-1　Python 中的保留字符

and	exec	not
assert	finally	or
break	for	pass
class	from	print
continue	global	raise
def	if	return
del	import	try
elif	in	while
else	is	with
except	lambda	yield

1.4.4 行和缩进

学习 Python 与其他语言最大的区别是 Python 的代码块不使用大括号{}来控制类、函数以及其他逻辑判断。Python 最具特色的就是用缩进来写模块。

缩进的空白数量是可变的,但是所有代码块语句必须包含相同的缩进空白数量。示例如下。

```
if True:
    print('你好')
    print('test')
else:
print('error')
```

输出结果:

```
IndentationError: unexpected indent
```

1.4.5 多行语句

Python 语句中一般以新行作为语句的结束符。但是我们可以使用斜杠(\)将一行语句分为多行显示,如下所示。

```
a = b = c = 1
sum = a + \
    b + \
    c
print(sum)
```

输出结果:

```
3
```

语句中包含[]、{}或()括号就不需要使用多行连接符,如下所示。

```
str = {'sads', 'what',
    'happy'}
list = [4, 5,
    6]
list = [85, 96,
45]
```

1.4.6 语句分隔

Python 中不必使用分号(;)分隔,但是一行写多条语句时要使用分号分隔,如下所示。

```
a = 10; b = 20; c = 30
print('a+ b+ c之和为:'+ str(a + b + c))
```

输出结果：

```
a + b + c之和为: 60
```

1.4.7　Python 引号

　　Python 可以使用单引号(')、双引号(")、三引号(''' 或 """)来表示字符串，引号的开始与结束必须拥有相同类型。其中三引号可以由多行组成，编写多行文本的快捷语法，常用于文档字符串，如下所示。

```
word = 'word'
sentence = "This is a sentence."
paragraph = '''This is a paragraph This is a paragraph This is a paragraph
This is a paragraph'''
```

1.4.8　Python 注释

　　(1) 单行注释以 # 开头。

　　(2) 多行注释用三个单引号(''')或使用三个双引号(""")将注释括起来。示例代码如下。

```
#　这是一个注释
'''　这是一段注释。这是一段注释。这是一段注释。这是一段注释。
这是一段注释。这是一段注释。这是一段注释。'''
"""这是一段注释。这是一段注释。这是一段注释。这是一段注释。
这是一段注释。这是一段注释。这是一段注释。"""
```

1.4.9　列表

　　(1) list(列表)是 Python 中使用最频繁的数据类型，在其他语言中通常称为数组，专门用于存储一串信息，列表用[]定义，数据之间使用","分隔，列表的索引从 0 开始。

　　(2) 索引就是数据在列表中的位置编号，索引又可以称为下标。注意：从列表中取值时，如果超出索引范围，程序会报错。

```
list = [1, 2, 456, 'abc', 'news']
print(list[0])
print(list[7])                          #　列表访问越界
```

输出结果：

```
IndexError: list index out of range
```

1.4.10 元组

（1）元组（tuple）是关系数据库中的基本概念，tuple和list十分相似，但是tuple是不可变的，即不能修改tuple，元组通过在圆括号中用逗号分隔的项定义；支持索引和切片操作；可以使用in查看一个元素是否在tuple中。

（2）优点：tuple比list速度快；对不需要修改的数据进行"写保护"，可以使代码更安全。

（3）tuple与list可以相互转换，使用内置的函数list()和tuple()。

```
a = [1, 2, 3]
b = tuple(a)           #  将列表转为元组
c = list(b)            #  将元组转为列表
print(b, c)
```

输出结果：

```
(1, 2, 3) [1, 2, 3]
```

1.4.11 字典

（1）字典中的元素由键值对组成，键值对必须是唯一的。

字典中的键值对是没有顺序的，如果想要一个特定的顺序，那么使用前需要对它们排序。

（2）d[key]＝value，如果字典中已有key，则为其赋值为value，否则添加新的键值对key/value；使用del d[key]可以删除键值对。

（3）判断字典中是否有某键，可以使用in或not in。

```
d = {}
d['1'] = 'one'
d['2'] = 'two'
d['3'] = 'three'
print(d)
del d['3']
print(d)
```

输出结果：

```
{'1': 'one', '2': 'two', '3': 'three'}
{'1': 'one', '2': 'two'}
```

1.4.12 函数

（1）所谓函数就是把具有独立功能的代码块组织为一个小模块，在需要的时候调用。

函数的使用包含两个步骤：定义函数——封装独立的功能；调用函数——享受封装的成果。

　　（2）在函数名后面的小括号内填写参数，多个参数之间使用"，"分隔。

　　（3）形参：定义函数时，小括号中的参数是用来接受参数用的，在函数内部作为变量使用。

　　（4）实参：调用函数时，小括号中的参数是用来把数据传递到函数内部使用的。

```
def sum(a, b):
    print(a + b)
sum(10, 20)                  # 调用 sum()函数，计算 10 + 20
```

　　输出结果：

```
30
```

1.5　本章小结

　　本章主要介绍了 Python 的基本情况、应用领域以及基本语法。我们对 Python 进行环境搭建，并学习了如何在终端会话中运行 Python 代码片段，运行了第一个程序——hello world。

第2章 Python 数据类型

2.1 基本数据类型

2.1.1 整数

整数是数字的重要组成部分，也是人们生活中最常用到的数字。整数分三个部分，包括正整数、零和负整数。

整数(integer)：像 $-2, -1, 0, 1, 2$ 这样的数称为整数，整数是人类能够掌握的最基本的数字。在 Python 中的整数与数学中的整数概念一致，没有取值范围的限制。可以对整数执行加($+$)、减($-$)、乘($*$)、除($/$)运算。

你也可以显式地在前面加上正号($+$)，这不会使数字发生任何改变。

```
>>> 123
123
>>> + 123
123
```

在数字前添加负号($-$)可以定义一个负数。

```
>>> - 123
- 123
```

你可以像使用计算器一样使用 Python 来进行常规运算。试试进行加法和减法运算，运算结果和你预期是否一样。

```
>>> 5 + 9
14
>>> 100 - 7
93
```

乘法运算的实现也很直接。

```
>>> 6 * 7
42
```

除法运算比较有意思,可能与你预期的有些出入,因为 Python 里有两种除法:

① /用来执行浮点除法(十进制小数);

② //用来执行整数除法(整除)。

与其他语言不同,在 Python 中即使运算对象是两个整数,使用 /仍会得到浮点型的结果。

```
>>> 9/5
1.8
```

使用整除运算得到的是一个整数,余数会被截去。

```
>>> 9//5
1
```

2.1.2　浮点数

浮点数是属于有理数中某特定子集的数字表示,在计算机中用以近似表示任意某个实数。具体而言,这个实数由一个整数或定点数(即尾数)乘以某个基数(计算机中通常是 2)的整数次幂得到,这种表示方法类似于基数为 10 的科学计数法。

整数全部由数字组成,而浮点数(在 Python 里称为 float)包含非数字的小数点。带小数点的数字都称为浮点数,小数点可出现在数字的任何位置。Python 语言中浮点数的数值范围、小数精度存在限制,这种限制与不同的计算机系统有关。浮点数与整数一样:你可以使用运算符(+、-、*、/、//、** 和%)进行计算。

2.1.3　布尔类型

布尔类型对象可以被赋予文字值 true 或者 false,所对应的关系就是真与假的概念。布尔类型只有两个值,false 和 true。通常用来判断条件是否成立。如果变量值为 0、空字符串、空列表、空集合就是 false;否则为 true。

2.1.4　复数

复数是指能写成形式为 $a+bi$ 的数,这里 a 和 b 是实数,i 是虚数单位(即 -1 的平方根)。在复数 $a+bi$ 中,$a=\mathrm{Re}(z)$ 称为实部,$b=\mathrm{Im}(z)$ 称为虚部。当虚部等于零时,这个复数可以视为实数;当 z 的虚部不等于零时,实部等于零时,常称 z 为纯虚数。

2.2　组合数据类型

2.2.1　序列

1. 字符串

字符串是由数字、字母、下画线组成的一串字符。一般记为 s="$a_1a_2\cdots a_n$"(n≥

0)*。它是编程语言中表示文本的数据类型。在程序设计中,字符串(string)为符号或数值的一个连续序列,如符号串(一串字符)或二进制数字串(一串二进制数字)。其中,用引号括起来的序列都是字符串。引号可以是单引号、双引号、三引号。

一定有同学会问:"既然单引号可以表示字符串,为什么还要设置双引号,三引号呢?"由以下例子对上面的问题进行解答。

```
>>> 'let's go'
SyntaxError: invalid syntax
>>> "let's go"
"let's go"
```

无论是单引号还是双引号,当其作用为表示字符串时,引号一定是成对出现的。为了正确输出 let's go,使用了双引号。如果一定想用 2 个单引号表示上面的字符串,要引入转义字符(\)。

1) 使用\转义

Python 允许你对某些字符进行转义操作,以此来实现一些难以单纯用字符描述的效果。在字符的前面添加反斜线符号\会使该字符的意义发生改变。最常见的转义符是\n,它代表换行符,便于你在一行内创建多行字符串。

```
>>> palindrome = 'A man,\nA plan.'
>>> print(palindrome)
A man,
A plan.
```

转义符\t(tab 制表符)常用于对齐文本,之后会经常遇见。

```
>>> print('\tabc')
    abc
>>> print('a\tbc')
a   bc
```

有时你可能还会用到 \' 和 \" 来表示单、双引号,尤其当该字符串由相同类型的引号包括时。

```
>>> testimony = "\"I did nothing!\" he said. "
>>> print(testimony)
"I did nothing!" he said.
```

2) 多行字符串

(1) 三引号可用来表示多行字符串。

```
>>> '''hello world
hello world
hello world'''
'hello world\nhello world\nhello world'
```

---

* 为了与运算代码中的符号保持一致,文中叙述时的变量也均用正体表示。

其中，\n 表示回车。

（2）在利用'或"表示字符串时，可以利用 \ 换行，以表示多行字符串。

```
＞＞＞ 'hello\
world'
'helloworld'
```

3）原始字符串

在字符串前加个 r，不再是一个普通字符串，而是一个原始字符串。

```
＞＞＞ print('C:\\northwind\\northwest')
C:\northwind\northwest
＞＞＞ print(r'C:\\northwind\\northwest')
C:\\northwind\\northwest
```

4）获取字符串中的元素

访问字符串的特定位置，格式为＜string＞[＜索引＞]。在括号里指定偏移量可以提取该位置的单个字符。第一个字符（最左侧）的偏移量为 0，下一个是 1，以此类推。最后一个字符（最右侧）的偏移量也可以用－1 表示，这样就不必从头数到尾。偏移量从右到左紧接着为－2、－3，以此类推。

```
＞＞＞ letters = 'abcdefghijklmnopqrstuvwxyz'
＞＞＞ letters[0]
'a'
＞＞＞ letters[-1]
'z'
＞＞＞ letters[-2]
'y'
```

5）获取字符串中的子序列

获取字符串中的子序列，即对字符串做分片操作。

分片操作（slice）是指可以从一个字符串中抽取其子序列（字符串的一部分）。我们使用一对方括号、起始索引值 start、终止索引值 end 以及可选的步长 step 来定义一个分片。分片操作得到的子序列包含从 start 开始到 end 之前的全部字符。

[：]是指提取从开头到结尾的整个字符串；

[start：]是指从 start 提取到结尾；

[：end]是指从开头提取到 end －1；

[start：end]是指从 start 提取到 end －1；

[start：end：step]是指从 start 提取到 end －1，每 step 个字符提取一个。

与之前一样，索引值从左至右从 0、1 开始，依次增加；从右至左从－1、－2 开始，依次减小。如果省略 start，分片会默认使用索引值 0（开头）；如果省略 end，分片会默认使用索引值－1 结尾。

我们来创建一个由小写字母组成的字符串。

```
>>> letters = 'abcdefghijklmnopqrstuvwxyz'
```

仅仅使用：分片等价于使用 0：−1(也就是提取整个字符串)。

```
>>> letters[ : ]
'abcdefghijklmnopqrstuvwxyz'
```

下面是一个从偏移量 20 提取到字符串结尾的例子。

```
>>> letters[ 20 : ]
'uvwxyz'
```

6)基本操作

(1)加法操作(+)：将两个字符串连接成一个新的字符串。

```
>>> "Hello" + "World"
'HelloWorld'
```

(2)乘法操作(∗)：生成一个由其本身重复连接而成的字符串,字符串只能和数字相乘。

```
>>> "Hello" * 3
'HelloHelloHello'
```

2. 列表

列表由一系列按特定顺序排列的元素组成。列表中的元素可以为任意类型,如实数、字符串、布尔类型、列表、字典等。与字符串不同,列表是可变的,可以直接对原始列表进行修改：添加新元素、覆盖或删除已存在的元素。在列表中,相同值的元素可以出现多次。

1)定义列表

(1)利用中括号([])可以定义一个空列表。

```
>>> empty_list = [ ]
```

(2)使用 list()函数定义一个空列表。

```
>>> another_empty_list = list( )
>>> another_empty_list
[]
```

2)访问列表

访问方式为：列表[<索引>],与前面介绍的访问字符串元素方式相同。

```
> > > marxes = ['Groucho', 'Chico', 'Harpo']
> > > marxes[0]
'Groucho'
> > > marxes[1]
'Chico'
> > > marxes[2]
'Harpo'
```

同样，负偏移量代表从尾部开始计数。

```
> > > marxes[ - 1]
'Harpo'
> > > marxes[ - 2]
'Chico'
> > > marxes[ - 3]
'Groucho'
```

3) 修改列表元素

修改列表元素的语法与访问列表元素的语法类似。可指定列表名和要修改的元素的索引，再指定该元素的新值。

```
> > > marxes = ['Groucho', 'Chico', 'Harpo']
> > > marxes[2] = 'Wanda'
> > > marxes
['Groucho', 'Chico', 'Wanda']
```

4) 添加列表元素

（1）在列表末尾添加元素，利用方法 append()。

假设前面的例子中我们忘记了添加 Zeppe，没关系，由于列表是可变的，可以方便地把它添加到尾部。

```
> > > marxes.append('Zeppe')
> > > marxes
['Groucho', 'Chico', 'Harpo', 'Zeppe']
```

（2）使用 insert()在列表的任何位置添加新元素。

append()函数只能将新元素插入到列表尾部，而使用 insert()可以将元素插入到列表的任意位置。指定偏移量为 0 可以插入列表头部。如果指定的偏移量超过了尾部，则会插入到列表最后，就如同 append()一样，这一操作不会产生 Python 异常。

```
> > > marxes.insert(3, 'Gumma')
> > > marxes ['Groucho', 'Chico', 'Harpo', 'Gumma', 'Zeppe']
> > > marxes.insert(10, 'Kerl')
> > > marxes
['Groucho', 'Chico', 'Harpo', 'Gumma', 'Zeppe', 'Kerl']
```

5）删除列表元素

（1）使用 del 语句删除元素，格式为：del 列表名[＜索引＞]。

```
> > > del marxes[-1]
> > > marxes
['Groucho', 'Chico', 'Harpo', 'Gumma', 'Zeppe']
```

（2）使用 pop()删除元素。

使用 pop()同样可以获取列表中指定位置的元素，但在获取完成后，该元素会被自动删除。如果你为 pop()指定了偏移量，它会返回偏移量对应位置的元素；如果不指定，则默认使用−1。因此，pop(0)将返回列表的头元素，而 pop()或 pop(−1)则会返回列表的尾元素。

```
> > > marxes = ['Groucho', 'Chico', 'Harpo', 'Zeppe']
> > > marxes.pop()
'Zeppe'
> > > marxes
['Groucho', 'Chico', 'Harpo']
> > > marxes.pop(1)
'Chico'
> > > marxes
['Groucho', 'Harpo']
```

（3）使用方法 remove()。

方法 remove()只删除第一个指定的值。如果要删除的值可能在列表中出现多次，就需要使用循环来判断是否删除了所有这样的值。

```
> > > marxes = ['Groucho', 'Chico', 'Harpo', 'Gumma', 'Zeppe']
> > > marxes.remove('Gumma')
> > > marxes
['Groucho', 'Chico', 'Harpo', 'Zeppe']
```

6）基本操作

（1）加法操作（＋）：合并两个列表，形成一个新列表。

```
> > > [1,2,3] + [True,'hello']
[1, 2, 3, True, 'hello']
```

（2）乘法操作（＊）：生成一个由其本身重复组合的列表，列表只能和数字相乘。

```
> > > [1,True,'hello'] * 3
[1, True, 'hello', 1, True, 'hello', 1, True, 'hello']
```

3. 元组

元组看起来类似列表，使用圆括号而不是方括号来标识。与列表一样，元组中的元素也可以为任意类型。它的元素不能被修改，访问元组中的元素，就像访问列表元素一样。

利用小括号()可以定义一个空元组。

```
>>> empty_tuple = ( )
>>> empty_tuple
( )
```

注：当元组中仅有一个元素时，用(元素 x)表示元组，否则(元素 x)会按 int 型处理。由于元组与列表的访问元素方式、基本操作均相同，在这里不再赘述。

4. 序列总结

字符串(str)、列表(list)、元组(tuple)均属于序列，它们有以下的共同特点：

（1）利用索引，可以访问序列中的单个元素。

（2）利用索引，可以进行切片操作。

（3）可以实现连接(＋)操作和"乘"(＊)操作。

（4）利用 in、not in，可以判断某个元素是否在当前的序列中。

（5）利用 len()函数，可以求得序列的长度。

（6）利用 max()、min()，可求序列中最大、最小元素。

2.2.2　集合

集合，与数学中集合的概念一致，即包含 0 个或多个数据项的无序组合。它的元素不可重复，且无法通过下标索引方式被访问。它的元素类型只能是固定的数据类型。例如：整数、浮点数、字符串、元组等。列表、字典不能作为集合的元素出现。

1. 集合的定义

可以使用 set()函数创建一个集合，或者用大括号将一系列以逗号隔开的值包括起来，如下所示。

```
>>> empty_set = set( )
>>> empty_set
set()
>>> even_numbers = {0, 2, 4, 6, 8}
>>> even_numbers
{0, 2, 4, 6, 8}
>>> odd_numbers = {1, 3, 5, 7, 9}
>>> odd_numbers
{1, 3, 5, 7, 9}
```

2. 基本操作

1) 求集合的长度

利用 len()函数求集合的长度，即包含元素个数。

```
>>> len({1, 2, 3, 4, 5, 6})
6
```

2) 判断元素是否在集合中

使用 in／not in 测试值是否存在，若存在，说明元素在集合中。

```
>>> I in {I, 2, 3}
True
>>> 6 not in {I, 2, 3, 4, 5, 6}
False
```

3）求两个集合的差集

使用字符"－"可以获得两个集合的差集。

```
>>> {I, 2, 3, 4, 5, 6} - {3, 4}
{1, 2, 5, 6}
```

4）求两个集合的交集

使用字符"&"可以获得两个集合的交集。

```
>>> {I, 2, 3, 4, 5, 6} & {3, 4}
{3, 4}
```

5）求两个集合的并集

使用字符"｜"可以获得两个集合的并集。

```
>>> {I, 2, 3, 4, 5, 6} | {3, 4, 7}
{1, 2, 3, 4, 5, 6, 7}
```

2.2.3 字典

字典是用放在花括号{}中的一系列键值（key：value）对表示。它是集合类型，无序，key 的值独一无二。字典中的 key 是不可变类型，value 可以为任意类型。例如：数字、字符串、集合、列表、字典等。

1. 使用{}定义字典

用花括号{}将一系列以逗号隔开的键值对（key：value）包括起来即可进行字典的创建。最简单的字典是空字典，它不包含任何键值对。

```
>>> empty_dict = { }
>>> empty_dict
{}
```

2. 访问字典中的值

访问方式：通过键（key）访问值（value）；格式：字典名 /字典［'key'］。

这是对字典最常进行的操作，只需指定字典名和键即可获得对应的值。

```
>>> pythons = {'Chapman': 'Graham', 'Cleese': 'John', 'Jone': 'Terry', 'Palin': 'Michael'}
>>> pythons['Cleese']
'John'
```

3. 添加键值对

字典是一种动态结构,可随时在其中添加键值对。要添加键值对,可依次指定字典名,用方括号括起的键和相关联的值。

```
> > > alien_0 = { }
> > > alien_0['color'] = 'green'
> > > alien_0['points'] = 5
> > > alien_0
{'color': 'green', 'points': 5}
```

起始字典为空,添加后变为:

```
{'color': 'green', 'points': 5}
```

4. 修改字典中的值

可依次指定字典名,用方括号括起的键以及与该键相关联的新值。

```
> > > pythons = {'Cleese': 'John', 'Gilliam': 'Gerry', 'Palin': 'Michael', 'Chapman': 'Graham', 'Idle': 'Eric', 'Jone': 'Terry'}
> > > pythons['Gilliam'] = 'Terry'
> > > pythons
{'Cleese': 'John', 'Gilliam': 'Terry', 'Palin': 'Michael', 'Chapman': 'Graham',
'Idle': 'Eric', 'Jone': 'Terry'}
```

5. 删除键值对

可使用 del 语句将相应的键值对彻底删除。使用 del 语句时,必须指定字典名和要删除的键。

```
> > > pythons = {'Cleese': 'John', 'Howard': 'Moe', 'Gilliam': 'Terry', 'Palin': 'Michael', 'Marx': 'Groucho',
'Chapman': 'Graham', 'Idle': 'Eric', 'Jone': 'Terry'}
> > > del pythons['Marx']
> > > pythons
{'Cleese': 'John ', 'Howard': 'Moe', 'Gilliam': 'Terry', 'Palin': 'Michael',
'Chapman': 'Graham', 'Idle': 'Eric', 'Jone': 'Terry'}
```

2.3 本章小结

本章主要讲述了 Python 数据类型及其相关操作。首先,介绍了 Python 基本数据类型:整数、浮点数是什么,以及整数和浮点数的四则运算;布尔类型、复数的取值情况。其次,介绍了 Python 组合数据类型:字符串是什么,以及如何使用索引值取字符串中的子序列;最后,学习了列表、元组是什么,如何使用其中的元素,定义列表和元组,以及如何增删列表元素;如何定义一个集合,以及集合基本操作的实现;字典是什么,以及如何定义一个字典,如何使用存储在字典中的信息,如何访问和修改字典中的元素。

第**3**章 Python 数据运算

Python 中支持多种运算符,如算术运算符、赋值运算符、位运算符等。本章将逐一介绍 Python 中的运算符,通过对运算符的学习来了解如何在 Python 中进行数据运算。

3.1 算术运算符

算术运算符是四则运算的符号,在数字的处理中应用得最多。Python 支持所有的基本算术运算符,如表 3-1 所示。

表 3-1 Python 中的算术运算符

运算符	说　明	实　例	结　果
+	加	12.5+7	19.5
-	减	4.56-0.26	4.3
*	乘	5*3.6	18.0
/	除	7/2	3.5
%	取余	7%2	1
**	幂	2**4	16,即 2^4
//	整除	7//2	3

3.1.1 "+"加法运算符

使用加法运算符的代码如下。

```
a = 2
b = 3.15
sum = a + b
print("sum 的值为: ", sum)
```

运行结果如下。

```
sum 的值为: 5.15
```

除了用作加法运算的运算符，"＋"还可以用作字符串的连接运算符，例如以下代码。

```
s1 = 'Hello'
s2 = 'Charlie'
s = s1 + s2
print(s)
```

运行结果如下。

```
HelloCharlie
```

3.1.2 "－"减法运算符

对数值进行减法运算的代码如下。

```
c = 5.2
d = 3.1
sub = c - d
print("sub 的值为：", sub)
```

运行结果如下。

```
sub 的值为：2.1
```

"－"除了可以作为减法运算符之外，还可以作为求负的运算符，如以下代码。

```
#  定义变量 x,其值为- 5.0
x = - 5.0
#  将 x 求负,其值变成 5.0
x = - x
print(x)
```

运行结果如下。

```
5.0
```

3.1.3 "＊"乘法运算符

对数值进行乘法运算的代码如下。

```
a = 3.5
b = 1.2
multiply = a * b
print('multiply 的值为：', multiply)
```

运行结果如下。

```
multiply 的值为：4.2
```

此外,"＊"还可以作为字符串的连接运算符,表示把 N 个字符串连接起来。例如如下代码。

```
a = 'python'
# 把 a 重复输出 5 次
b = a * 5
print(b)
```

运行结果如下。

```
pythonpythonpythonpythonpython
```

3.1.4 "/"和"//"除法运算符

在 Python 中,有两种除法运算符:"/"表示普通除法,它的运算结果与普通的数学计算相同,即除不尽时保留小数部分;"//"表示整除,它的运算结果只取整数部分,小数部分会被舍弃。在 Python 3 中,所有的普通除法运算结果都是浮点类型。

对数值进行除法运算的代码如下。

```
a = 19
b = 4
print('19/4 的结果为: ', a /b)
print('19//4 的结果为: ', a //b)
```

运行结果如下。

```
19/4 的结果为: 4.75
19//4 的结果为: 4
```

3.1.5 "%"求余运算符

Python 支持浮点数的求余运算,求余运算符的两个操作数不要求都是整数,因此 Python 中求余运算的结果也不一定是整数。

求余运算的代码如下。

```
a = 19
b = 4
c = 2
d = 1.1
e = - 0.9
print('19 % 4 的结果为: ', a % b)
print('2 % 1.1 的结果为: ', c % d)
print('2 % - 0.9的结果为: ', c % e)
```

运行结果如下。

```
19 % 4 的结果为: 3
2 % 1.1 的结果为: 0.8999999999999999
2 % - 0.9 的结果为: - 0.7000000000000001
```

注意：① 为什么 2 % 1.1 的结果不是 0.9 而是 0.899…?这是由浮点数的保存机制导致的。计算机底层的浮点数的存储机制并不是精确保存每一个浮点数的值,此处需要知道在 Python 中存在精度丢失的问题。② 为什么 2 % −0.9 的结果不是−1.1 而是−0.7? 这是因为在进行求余运算时,其结果为被除数减去 N 倍的除数,而 N 的求法是对普通除法的结果向下取余,如 2/−0.9 的结果向下取整为−3,所以 2 % −0.9 的结果等于 2 − (−0.9 ∗ −3)＝−0.7。

3.1.6 "∗∗"幂运算符

在 Python 中使用"∗∗"作为幂运算符,同时"∗∗"也可以用于开方运算,如以下代码。

```
print('5 的 2 次方: ', 5 ** 2)
print('4 的 3 次方: ', 4 ** 3)
print('4 的开平方: ', 4 ** 0.5)
print('27 的开 3 次方: ',27 ** (1/3))
```

运行结果如下。

```
5 的 2 次方: 25
4 的 3 次方: 64
4 的开平方: 2.0
27 的开 3 次方: 3.0
```

3.2 比较(关系)运算符

Python 中支持的比较运算符如表 3-2 所示。

表 3-2　Python 中的比较运算符

比较运算符	说　　明
==	等于,如果两边的值相等返回 True,否则返回 False
!=	不等于,如果两边的值不相等返回 True,否则返回 False
>	大于,左侧的值大于右侧返回 True,否则返回 False
<	小于,左侧的值小于右侧返回 True,否则返回 False
>=	大于等于,左侧的值大于或等于右侧返回 True,否则返回 False
<=	小于等于,左侧的值小于或等于右侧返回 True,否则返回 False

Python 中使用比较运算符的代码如下。

```
print("1.35是否等于1.35: ", 1.35 == 1.35)
print("1.0是否不等于1: ", 1.0 != 1)
print("25 * 4是否大于100- 1: ", 25 * 4 > 100- 1)
print("True是否小于等于False: ", True <= False)
```

运行结果如下。

```
1.35是否等于1.35: True
1.0是否不等于1: False
25 * 4是否大于100- 1: True
True是否小于等于False: False
```

3.3　赋值运算符

赋值运算符用来把右侧的值传递给左侧的变量（或者常量）；可以直接将右侧的值交给左侧的变量，也可以进行某些运算后再交给左侧的变量，比如加减乘除、函数调用、逻辑运算等。Python 中最基本的赋值运算符是等号"="；结合其他运算符，"="还能扩展出更强大的赋值运算符。

3.3.1　"="基本赋值运算符

"="用于将一个表达式的值赋给另一个变量，如下面的代码。

```
# 直接赋值
a = 10
b = 5.6
c = 'abc'

# 把一个变量的值赋给另一个变量
a1 = a
b1 = b
c1 = c

# 把某些运算的值赋给变量
s = c * a
b2 = int(b) # 取整

print('a1= ', a1, 'b1= ', b1, 'c1= ', c1, 's= ', s, 'b2= ', b2)
```

运行结果如下。

```
a1 = 10 b1 = 5.6 c1 = abc s = abcabcabcabcabcabcabcabcabcabc b2 = 5
```

3.3.2 扩展的赋值运算符

"="还可以和其他运算符相结合,扩展为功能更强大的赋值运算符,在使用时更加简洁,一些扩展的赋值运算符如表 3-3 所示。

表 3-3 扩展的赋值运算符

运算符	说 明	用法举例	等价形式
+=	加法赋值运算符	x += y	x = x + y
-=	减法赋值运算符	x -= y	x = x - y
*=	乘法赋值运算符	x *= y	x = x * y
/=	除法赋值运算符	x /= y	x = x/y
%=	取余赋值运算符	x %= y	x = x % y
**=	幂赋值运算符	x **= y	x = x ** y
//=	整除赋值运算符	x //= y	x = x//y

Python 中使用扩展赋值运算符的代码如下。

```
a = 2
b = 5

a -= b  # a = a - b
print('第一次运算后 a= ', a)
a **= a + b  # a = a ** (a + b)
print('第二次运算后 a= ', a)
```

运行结果如下。

```
第一次运算后 a = - 3
第二次运算后 a = 9
```

注意:在使用这些赋值运算符时,左侧的变量必须预先定义,否则无法进行运算。

3.4 位运算符

Python 位运算按照数据在内存中的二进制位进行操作,它一般用于底层开发。Python 位运算符的操作数只能是整数类型,Python 支持的位运算符如表 3-4 所示。

表 3-4 Python 位运算符

运算符	说 明	使用形式
&	按位与运算符	x & y
|	按位或运算符	x | y

运算符	说　　明	使用形式
^	按位异或运算符	x ^ y
~	按位取反运算符	~ x
<<	左移运算符	x << y
>>	右移运算符	x >> y

3.4.1　"&"按位与运算符

按位与运算符"&"的运算规则：只有参加 & 运算的两个位都为 1 时,结果才为 1,否则为 0。

例如 -5 & 2 可以写成以下形式：

```
  1111 1111   1111 1111   1111 1111   1111 1011   -5 在内存中的存储
& 0000 0000   0000 0000   0000 0000   0000 0010    2 在内存中的存储
= 0000 0000   0000 0000   0000 0000   0000 0010    2 在内存中的存储
```

需要注意负整数在内存中以补码的形式存储。

按位运算可以用来对数据的某些位清零或保留某些位。例如需要对高十六位保留,低十六位清零,可以使用 0xFFFF0000 进行按位与运算：

```
# 保留 n 的高十六位,低十六位清零
n = 0x26AC02D5
a = n & 0xFFFF0000
print("%X" % a)
```

运行结果如下。

```
26AC0000
```

3.4.2　"|"按位或运算符

按位或运算符"|"的运算规则：两个二进制位有一个为 1 时,结果就为 1,两个都为 0 时结果才为 0。

例如 -5 | 2 可以写成以下形式：

```
  1111 1111   1111 1111   1111 1111   1111 1011   -5 在内存中的存储
| 0000 0000   0000 0000   0000 0000   0000 0010    2 在内存中的存储
= 1111 1111   1111 1111   1111 1111   1111 1011   -5 在内存中的存储
```

按位或运算可以用来将某些位置 1,或者保留某些位。例如需要对高十六位置 1,低十六位保留,可以使用 0xFFFF0000 进行按位或运算：

```
#  保留 n 的低十六位,高十六位置 1
n = 0x26AC02D5
a = n | 0xFFFF0000
print("%X" % a)
```

运行结果如下。

```
FFFF02D5
```

3.4.3 "^"按位异或运算符

按位异或运算"^"的运算规则:参加运算的两个二进制位不同时,结果为 1,相同时结果为 0。

例如 −5 ^ 2 可以写成以下形式:

	1111 1111	1111 1111	1111 1111	1111 1011	−5 在内存中的存储
^	0000 0000	0000 0000	0000 0000	0000 0010	2 在内存中的存储
=	1111 1111	1111 1111	1111 1111	1111 1001	−7 在内存中的存储

按位异或运算可以用来反转某些二进制位。如需要对高十六位进行反转,可以使用 0xFFFF0000 进行按位异或运算。

```
#  反转高十六位
n = 0x0000FFFF
a = n ^ 0xFFFF0000
print("%X" % a)
```

运行结果如下。

```
FFFFFFFF
```

3.4.4 "~"按位取反运算符

按位取反运算符"~"为单目运算符,右结合性,作用是对参与运算的二进制位取反。
例如 ~2 可以写成以下形式:

	0000 0000	0000 0000	0000 0000	0000 0010	2 在内存中的存储
~					
=	1111 1111	1111 1111	1111 1111	1111 1101	−3 在内存中的存储

~ −5 可以写成以下形式:

	1111 1111	1111 1111	1111 1111	1111 1011	−5 在内存中的存储
~					
=	0000 0000	0000 0000	0000 0000	0000 0100	4 在内存中的存储

使用 Python 进行取反运算,代码如下。

```
a = 2
b = - 5
print(~a, ~b)
```

运行结果如下。

```
- 3 4
```

3.4.5 "<<"左移运算符和">>"右移运算符

左移运算符"<<"用来把操作数的各个二进制位全部左移若干位,高位丢弃,低位补 0;右移运算符>>用来把操作数的各个二进制位全部右移若干位,低位丢弃,高位补 0 或 1。

例如 2 <<3 可以写成以下形式:

	0000 0000	0000 0000	0000 0000	0000 0010	<<3	2 在内存中的存储
=	0000 0000	0000 0000	0000 0000	0001 0000		16 在内存中的存储

−5 >> 3 可以写成以下形式:

	1111 1111	1111 1111	1111 1111	1111 1011	>>3	−5 在内存中的存储
=	1111 1111	1111 1111	1111 1111	1111 1111		−1 在内存中的存储

使用 Python 进行左移、右移运算,代码如下。

```
print('2 < < 3= ', 2 < < 3)
print('- 5 > > 3= ', - 5 > > 3)
```

运行结果为:

```
2 < < 3 = 16
- 5 > > 3 = - 1
```

3.5　逻辑运算符

Python 中支持的逻辑运算符如表 3−5 所示。

表 3−5　Python 逻辑运算符

运算符	说　　明	示　　例
and	如果左操作数为 False,返回左操作数;否则它返回右侧操作数的值	5 and 1 =1 0 and 5 =0
or	如果左操作数为 True,返回左操作数;否则它返回右侧操作数的值	5 or 1 =5 0 or 5 =5
not	若操作数为 True,返回 False;操作数为 False,返回 True	not 1 =False not 0 =True

使用 Python 进行逻辑运算,代码如下。

```
print('False and 5: ', False and 5)
print('2 and 0: ', 2 and 0)
print('5 or 0: ', 5 or 0)
print('False or True: ', False or True)
print('not 1: ', not 1)
```

运行结果如下。

```
False and 5: False
2 and 0: 0
5 or 0: 5
False or True: True
not 1: False
```

注意：在 Python 中使用逻辑运算时，0 与 False 是等价的，其他非 0 的数与 True 等价，但返回值与实际输入有关，如上例中 False and 5 返回 False，如果是 0 and 5 将返回 0。

3.6　成员运算符

除了以上的一些运算符之外，Python 还支持成员运算符，用来判断指定序列中是否包含某些元素，序列可以是列表、字符串或元组。Python 中的成员运算符如表 3-6 所示。

表 3-6　Python 中的成员运算符

运算符	说　　明	示　　例
in	如果在指定的序列中找到值返回 True；否则返回 False	x 在 y 序列中，x in y 返回 True
not in	如果在指定的序列中没有找到值返回 True；否则返回 False	x 不在 y 序列中，x not in y 序列中返回 True

使用 Python 进行成员运算，代码如下。

```
a = [0, 1, 2, 3]
b = (4, 5, 6)
c = 'Python'

print('1是否在 a 中: ', 1 in a)
print('1是否不在 b 中: ', 1 not in b)
print('P 是否在 c 中: ', 'P' in c)
```

运行结果如下。

```
1是否在 a 中: True
1是否不在 b 中: True
P 是否在 c 中: True
```

3.7　身份运算符

Python 中还有身份运算符,用来判断两个对象的存储单元是否相同。Python 中的身份运算符如表 3-7 所示。

表 3-7　Python 身份运算符

运算符	说　明	示　例
is	判断两个标识符是不是引用来自一个对象	x is y,类似 id(x) == id(y),如果引用的是同一个对象则返回 True;否则返回 False
not is	判断两个标识符是不是引用来自不同对象	x is not y,类似 id(a) != id(b)。如果引用的不是同一个对象则返回结果 True;否则返回 False

在 Python 中,需要注意"=="和"is"的区别,"=="用来比较两个变量的值是否相等,而 is 则用来比对两个变量引用的是否是同一个对象,例如以下代码。

```
import time  # 引入 time 模块
t1 = time.gmtime() # gmtime()用来获取当前时间,精确到秒级
t2 = time.gmtime()
print(t1)
print(t2)
print(t1 == t2) # 输出 True
print(t1 is t2) # 输出 False
```

运行结果为:

```
time.struct_time(tm_year = 2020, tm_mon = 1, tm_mday = 8, tm_hour = 13, tm_min = 23,
tm_sec = 14, tm_wday = 2, tm_yday = 8, tm_isdst = 0)
time.struct_time(tm_year = 2020, tm_mon = 1, tm_mday = 8, tm_hour = 13, tm_min = 23,
tm_sec = 14, tm_wday = 2, tm_yday = 8, tm_isdst = 0)
True
False
```

从运行结果可以看出,t1 和 t2 得到的值是相同的,因此 t1 == t2,返回 True,但每次调用 gmtime()时都返回不同的对象,所以 t1 和 t2 是两个不同的对象,存储地址不同,t1 is t2 返回 False。

3.8　运算符优先级

Python 中运算符优先级如表 3-8 所示。

表 3-8　**Python** 中的运算符优先级

优先级	运　算　符	说　明
高	**	幂运算符
	~ + -	按位翻转、一元加号和减号
	* / % //	乘、除、取模和取整除
	+ -	加法减法
	>> <<	右移、左移运算符
	&	按位与运算符
	^ |	按位异或、或运算符
	<= < > >=	比较运算符
	== !=	等于运算符
	= %= /= //= -= += *= **=	赋值运算符
	is is not	身份运算符
	in not in	成员运算符
低	not and or	逻辑运算符

3.9　本章小结

本章介绍了 Python 中的 7 种运算符：算术运算符、比较（关系）运算符、赋值运算符、位运算符、逻辑运算符、成员运算符和身份运算符。运算符是 Python 中对数据进行操作的基础，需要理解和掌握各种运算符并注意它们之间的区别。

第4章　Python 流程控制

上一章我们学习了数据运算的相关知识,本章将介绍如何组织代码和数据。计算机程序在解决某个具体问题时,包括三种情形,即顺序执行所有的语句、选择执行部分的语句和循环执行部分语句,这正好对应着程序设计中的三种程序执行结构流程:顺序结构、分支结构和循环结构。

事实证明,任何一个能用计算机解决的问题都能应用这三种基本结构写出的程序来解决。Python 语言当然也具有这三种基本结构。

4.1　顺序结构

顺序结构是程序按照线性顺序依次执行的一种运行方式,其中语句块 1 和语句块 2 表示一个或一组顺序执行的语句(见图 4-1)。

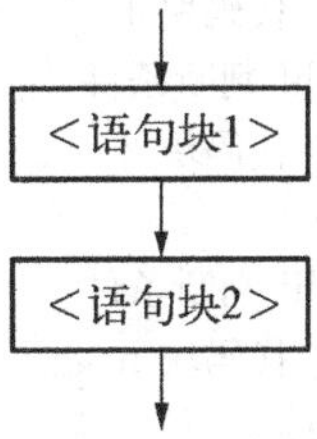

图 4-1　顺序结构流程

4.2　分支结构(if 语句)

4.2.1　单分支

下面先介绍第一种分支结构——单分支结构。

单分支的基本结构如下所示。

```
if 判断条件:
    代码块
```

判断条件就是计算结果必须为布尔值的表达式,表达式后面的冒号不能少,注意在 if 后面出现的语句,如果属于 if 语句块,那必须同一个缩进等级,条件表达式结果为 True,执行 if 后面的缩进语句块,一个 tab 按键表示一个缩进标准;如果单分支语句的代码块只有一条语句,可以把 if 语句和代码写在同一行,如下所示。

```
if 判断条件：一句代码
```

4.2.2 双分支结构

接下来介绍双分支结构，if 和 else 是 Python 用来判断条件的语句。这里需要注意，代码块部分需要缩进，一般是四个空格。在同一个代码块内最好使用一致的缩进，从每一行的左边开始使用相同数量的缩进字符，基本结构如下。

```
if 判断条件：
    代码块 1
else：
    代码块 2
```

双向分支有两个分支，当程序执行到 if…else…语句的时候，一定会执行 if 或者 else 中的一个，而且只执行一个，if 和 else 属于一个层级，其余语句是一个层级。

4.2.3 多分支

如果需要同时进行多层比较判断，则可以根据需要进行多层判断语句的嵌套。

多分支的基本结构如下所示。

```
if 判断条件：
    代码块 1
elif 判断条件 2：
    代码块 2
…
elif 判断条件 n：
    代码块 n
else：
    默认代码块
```

上述"判断条件"中的表达式可以是任意的表达式，也可以是任意类型的数据对象实例。只要判断条件的最终返回结果为 True 时，就表示该条件成立，相应的代码块就会被执行；否则表示条件不成立，需要判断下一个条件，如果从上至下，最后一个 elif 判断结果也为假，则运行 else 语句，需要注意的是判断条件可以是多重判断，可以使用逻辑运算符 and、or 或者 not 连接来决定最终表达式的布尔取值，逻辑运算符的优先级没有关系运算符的优先级高，也就是说，表达式先进行计算再进行比较。

实例 4-1

```
x = int(input("请输入您的总分："))
if x >= 90:
    print('优')
```

```
elif x > = 80:
    print('良')
elif x > = 70:
    print('中')
elif x > = 60:
    print('及格')
else:
    print('不合格')
```

运行结果如下。

```
请输入您的总分：92
优
```

4.3　循环语句

由于分支结构的代码条件判断是自顶而下的执行顺序，但是有的时候，我们需要进行一些重复操作，当我们需要多次执行一个代码语句或代码块时，可以使用循环语句。Python 中提供的循环语句有 while 循环语句和 for 循环语句。需要注意的是 Python 中没有 do…while 循环，其他语言的 do…while 结构在 Python 中可以使用 while(无限循环)和 break 组合起来替换。此外，还有几个用于控制循环执行过程的循环控制语句：break、continue 和 pass。

4.3.1　for 循环

这是一种优雅的遍历方式，用于在数据结构长度已知和具体实现已知的情况下遍历整个数据结构。并且支持迭代器快速读写其中的数据，以及允许不能一次读入计算机内存的数据流的处理。for 循环的基本格式如下所示。

```
for 临时变量 in 可迭代对象:
    代码块
```

实例 4 - 2　遍历打印一个 list 中的元素

```
names = ['Tom','Peter','Jerry','Jack']
for name in names:
    print(name)
```

输出结果如下。

```
Tom
Peter
Jerry
Jack
```

这里是对一个 list 进行遍历,name 表示临时变量,通过 for 循环每次读取一个元素放在 name 变量中,再将其打印出来,下一次仍然按此循环,直至遍历并打印完整个 list 的所有元素,终止循环。

for 循环结束使用 else,用于判断 for 循环是否正常结束(没有调用 break 跳出),否则会执行 else 段。else 的基本结构如下。

```
for < 循环变量> in < 遍历结构> :
  < 语句块 1>
else:
  < 语句块 2>
```

注意:当 for 循环正常执行之后,程序会继续执行 else 语句中的内容。else 语句只在循环正常执行之后才执行,如果 for 循环要遍历的序列是空的,那么也会立刻执行 else 块。可以在<语句块 2>中放置判断循环执行情况的语句。

实例 4 - 3　for else 代码执行

```
cheeses = []
for cheese in cheeses:
  print('This shop has some lovely', cheese)
  break
else: # 没有执行 break,表示没有找到奶酪店
  print("This is not much of a cheese shop, is it ? ")
```

运行结果如下。

```
This is not much of a cheese shop, is it ?
```

由于 cheeses 列表中不含有任何数据,进入 for 循环,cheese 为空,直接进入 else 语句的代码段,输出 else 语句段中的内容。

进一步补充的是,在 for 语句的基本结构中,可迭代对象,也就是遍历结构,可以是字符串、文件、组合数据类型或 range()函数,如下列出结构所示。

循环 N 次	遍历文件 fi 的每一行	遍历字符串 s	遍历列表 Is
for i in range(N): 　< 语句块>	for line in fi: 　< 语句块>	for c in s: 　< 语句块>	for item in Is: 　< 语句块>

4.3.2　while 循环语句

使用 if、elif 和 else 条件判断的例子是自顶向下执行的,但是有时候我们需要重复一些操作——循环。Python 中最简单的循环机制是 while,基本形式如下。

```
while 判断条件:
    代码块
```

当给定的判断条件的返回值的真值测试结果为 True 时,执行循环体的代码,否则退出循环体。

实例 4 - 4　循环打印数字 0~9

```
count = 0
while count <= 9:
    print(count,end = ' ')
    count += 1
```

输出结果如下。

```
0 1 2 3 4 5 6 7 8 9
```

else 中的代码块会在 while 循环正常执行完的情况下执行,如果 while 循环被 break 中断,else 中的代码块不会执行,基本结构如下。

```
while 判断条件:
    <代码块>
```

实例 4 - 5　while 循环被中断的情况(else 中的语句不会被执行)

```
count = 0
while count <= 9:
    print(count, end= ' ')
    if count == 5:
        break
    count += 1
else:
    print('end')
```

输出结果如下。

```
0 1 2 3 4 5
```

4.3.3　循环控制保留字

Python 的循环控制保留字有 break、continue、pass。想让循环在某一条件下停止,但是不确定是哪次循环,可以在无限循环中使用 break 语句。有的时候,不希望结束整个循环,仅仅希望本次循环结束,直接跳到下一次的循环,则可以使用 continue。

循环控制	说　　明
break	终止整个循环
continue	跳过本次循环,执行下一次循环
pass	pass 语句是个空语句,只是为了保持程序结构的完整性,没有什么特殊含义,pass 语句并不是只能用于循环语句中,也可以用于分支语句中

break 语句是结束整个循环过程,不再判断执行循环的条件是否成立。

实例 4-6　通过循环控制语句打印一个列表中的前 3 个元素

```
names = ['Tom','Peter','Jerry','Jack','Lilly']
for i in range (len(names)):
  if i >= 3:
    break
  print(names[i])
```

输出结果如下。

```
Tom
Peter
Jerry
```

continue 语句用来结束当前当次循环,即跳出循环体中剩余未执行的语句,但不跳出当前循环。

实例 4-7　遍历 0~9 范围内的所有数字,并通过循环控制语句打印出其中的奇数

```
for i in range(10):
  if  i % 2 == 0:
    continue
  print(i,end = ' ')
```

输出结果如下。

```
1 3 5 7 9
```

4.4　异常处理

与其他语言相同,在 Python 中,try/except 语句主要是用于处理程序正常执行过程中出现的一些异常情况,如语法错误(Python 作为脚本语言没有编译的环节,在执行过程中对语法进行检测,出错后发出异常消息)、数据除零错误、从未定义的变量上取值等;而 try/finally语句则主要用在无论是否发生异常情况,都需要执行一些清理工作的场合,如在通信过程中,无论通信是否发生错误,都需要在通信完成或者发生错误时关闭网络连接。尽管 try/except 和 try/finally 的作用不同,但是在编程实践中通常可以把它们组合在一起,使用 try/except/else/finally 的形式来实现稳定性和灵活性更好的设计。

默认情况下,在程序段的执行过程中,如果没有提供 try/except 的处理,脚本文件执行过程中所产生的异常消息会自动发送给程序调用端,如 python shell,而 python shell 对异常消息的默认处理则是终止程序的执行并打印具体的出错信息。这也是在 python shell 中执行程序错误后所出现的出错打印信息的由来。

4.4.1　异常处理的基本结构

```
try:
    Normal execution block
except(name):
    Exception A handle
```

正常执行的程序在 try 下面的 Normal execution block 执行块中执行,在执行过程中如果发生了异常,则中断当前在 Normal execution block 中的执行,跳转到对应的异常处理块中执行。

Python 从第一个 except 处开始查找,如果找到了对应的 exception 类型则进入其提供的 exception handle 中进行处理,如果没有找到则直接进入 except 块处进行处理。注意:except 块是可选项,如果没有提供,该 exception 将会被提交给 Python 进行默认处理,处理方式则是终止应用程序并打印提示信息。

4.4.2　异常处理的高级使用

在 try 后放入可能存在异常的函数体,通过 except 捕获异常并执行相应操作,否则执行 else 后的语句,最后无论是否出现异常都执行 finally 后的语句。异常处理的基本结构如下所示。

```
try:
        Normal execution block
except A:
        Exception A handle
except B:
        Exception B handle
except:
        Other exception handle
else:
        if no exception,get here
finally:
        print("finally")
```

无论是否发生了异常,只要提供了 finally 语句,以上 try /except /else /finally 代码块执行的最后一步总是执行 finally 所对应的代码块。

注意:

(1) 在上面所示的完整语句中 try /except /else /finally 所出现的顺序必须是 try→except X→except→else→finally,即所有的 except 必须在 else 和 finally 之前,else(如果有的话)必须在 finally 之前,而 except X(X 指定 exception 类型)必须在 except 之前。否则会出现语法错误。

（2）对于上面所展示的 try/except 完整格式而言，else 和 finally 都是可选的，而不是必需的，但是如果存在的话，else 必须在 finally 之前，finally（如果存在的话）必须在整个语句的最后位置。

（3）在上面的完整语句中，else 语句的存在必须以 except X 或者 except 语句为前提，如果在没有 except 语句的 try block 中使用 else 语句会引发语法错误。也就是说 else 不能与 try/finally 配合使用。

实例 4-8　try/except/else/finally 代码块执行

```
try:
    alp = "ABCDEFGHIJKLMNOPQRSTUVWXYZ"
    idx = eval(input("请输入一个整数："))
    print(alp[idx])
except NameError:
    print("输入错误，请输入一个整数：")
else:
    print("没有发生异常")
finally:
    print("程序执行完毕，不知道是否发生了异常")
```

运行结果如下。

```
请输入一个整数：1
B
没有发生异常
程序执行完毕，不知道是否发生了异常
```

4.5　本章小结

本章介绍了 Python 流程控制语句。首先，阐述了程序的三种结构分类，分别是顺序结构、分支结构和循环结构。顺序结构是按照写代码的顺序一次执行；分支结构是根据条件的不同有选择地执行不同的代码；循环结构是在一定条件下反复执行某一代码块。其次，分别阐述了三种结构的基本语法形式，对每一种语法形式的程序流程都进一步做了详细说明。最后，对每一种语法形式添加了实例及运行结果，并对部分实例进行注意点讲解，使得读者能在更加清晰掌握语法结构的基础上学会应用。学好本章内容，有利于提高编写代码的逻辑能力。

第 **5** 章　Python 函数设计

5.1　函数概述

5.1.1　函数的定义

　　函数是组织好的可重复使用的,用来实现单一或者相关联功能的代码段。函数也可以看作是一段具有名字的子程序,可以在需要的地方调用执行,而不需要在每个执行地方重复编写这些语句。函数是一种功能抽象,可分为内置函数和自定义函数,像"print()"就是一个常用的内置函数。用户自定义函数则是自己封装好的函数,供自己或其他人调用。

　　Python 定义一个函数使用 def 保留字,语法形式如下。

def <函数名> (<参数列表>):

<函数体>

return <返回值列表>

　　例如,求梯形面积的函数可以定义如下。

```
def trapezoid_area(base_up, base_down, height):
    area = 0.5  *  (base_up + base_down) * height
    return area
```

　　通常来说,写一个自定义函数要遵循的规则是,必须以 def 关键词开头,后面跟自定义函数名称,后面接(),括号里面是传入参数的定义;函数的第一行可以用注释来描述该函数要实现的功能;函数名以冒号结尾,下面的代码块是所要实现的内容;return 代表的是这个函数的返回值,如果不填写,则返回值为 None。

5.1.2　函数的调用过程

　　程序调用一个函数需要执行以下四个步骤:① 调用程序在调用处暂停执行;② 在调用时将实参复制给函数的形参;③ 执行函数体语句;④ 函数调用结束给出返回值,程序回到调用前的暂停处继续执行。

5.1.3　lambda 函数

Python 有 33 个保留字，其中一个是 lambda，该保留字用于定义一种特殊的函数，即匿名函数，又称 lambda 函数。lambda 函数与普通的函数相比，就是省去了函数名称而已，同时这样的匿名函数不能在别的地方共享调用。

lambda 函数将函数名作为函数结果返回，具体形式如下。

< 函数名 > = lambda < 参数列表 > : < 表达式 >

lambda 函数与正常函数一样，等价于下面形式：

def < 函数名 > (< 参数列表 >):
return < 表达式 >

简单说，lambda 函数用于定义简单的、能够在一行内表示的函数，返回一个函数类型。lambda 函数比较方便，即用即扔，很适合需要完成一项功能，一般用来给 filter，map 这样的函数式编程服务。例如用 lambda 函数实现求和运算，具体如下。

```
>>> f = lambda x, y : x + y
>>> type(f)
< class 'function'>
>>> f(10, 12)
22
```

5.2　函数的参数传递

5.2.1　位置参数 / 必选参数

必选参数须以正确的顺序传入函数。调用时的数量必须和声明时的一样。如调用 trapezoid_area 函数，必须按顺序传入三个参数，用逗号隔开，否则会出现语法错误。

```
def trapezoid_area(base_up, base_down, height):
    area = 0.5  *  (base_up + base_down) * height
    return area

print(trapezoid_area(3))
```

运行上述代码会出现以下语法错误。

```
TypeError: trapezoid_area() missing 2 required positional arguments: 'base_down'
and 'height'
```

5.2.2　关键字参数

使用关键字参数就可以不考虑参数的顺序问题,直接通过赋值给指定的参数。使用关键字参数允许函数调用时参数的顺序与声明时不一致,因为 Python 解释器能够用参数名匹配参数值,直接将形参与实参关联起来,这样就不存在顺序问题。

```
def trapezoid_area(base_up, base_down, height):
    area = 0.5  *  (base_up + base_down) * height
    return area

print(trapezoid_area(base_down = 8, height = 5, base_up = 3))
```

运行结果为 27.5。

使用关键字参数,就可以不考虑参数的顺序问题,直接通过赋值给指定的参数。

5.2.3　默认参数

函数定义时,设置默认参数的好处是在调用函数时,如果没有给函数参数值,则会使用默认参数值让程序运行起来。在调用函数给形参提供实参时,就使用实参值,否则,使用实参的默认值,因此,给形参指定默认值后,在函数调用中可省略相应的实参。以下实例中如果没有传入 height 参数,则使用默认值。

```
def trapezoid_area(base_up, base_down, height = 5):
    area = 0.5 * (base_up + base_down) * height
    return area

print(trapezoid_area(3,8))
```

注意:这里把 base_up, base_down 放在了前面,原因是在这里还是把它当作是位置参数,如果形参与实参的位置不对还是会报错。如果不想使用默认值参数,也可以在调用函数时,将形参定义一个值,这样函数名中的形参默认值就会被忽略。

5.2.4　可变参数

在 Python 中可以定义可变参数,顾名思义,可变参数就是指传入参数是可变的,可以是任意一个。当需要一个函数能处理比当初声明时更多的参数时,可以将不确定的实参收集为元组,就需要用到可变参数,基本语法如下。

```
def functionname([formal_args,] * var_args_tuple ):
    function_suite
    return [expression]
```

加了星号 * 的参数会以元组或列表的形式导入,存放所有未命名的变量参数。可变形参代表的是实参个数的不确定性,在定义可变形参时,一般是放在普通形参(formal_ args)的右边,通常先定义可确定的形参,不确定的就作为可变形参。

5.2.5 可变关键字参数

可变关键字参数与可变参数类似,加了两个星号＊＊的参数会以字典的形式导入,其语法形式如下。

def functionname([formal_args,] ＊＊ var_args_dict):

    function_suite

    return [expression]

实例 5-1 可变关键字参数设置

```
def f(**kw):
    for key,value in kw.items():
        print(key,value)

info = {'name': 'Mary','age': 18}
f(**info)
f(**{'name': 'Mary','age': 18})
f(name = 'Mary',age = 18)
```

运行结果为如下。

```
name Mary
age 18
name Mary
age 18
name Mary
age 18
```

在传递实参时,需要以"＊＊{键名:键值}"或者"键名＝键值"的语法形式进行传递,代码中的"＊＊info"代表的是字典{'name':'Mary','age':18}。需注意的是,在以"键名＝键值"的语法形式进行传递时,键名无需加引号,否则 Python 解释器会把它解析成一个字符串,而字符串无法作为变量使用,从而抛出语法错误的异常提示。

5.3 函数的返回值

return 语句用来退出函数并将程序返回到函数被调用的位置继续执行。return 语句同时可以将 0 个、1 个或多个函数运算完的结果返回给函数被调用处的变量,函数需要先定义后调用,函数体中 return 语句的结果就是返回值。如果一个函数没有 return 语句,其实它有一个隐含的 return 语句,返回值是 None,类型也是'NoneType'。

实例 5 - 2　return 返回字符单值

```
>>> def func( a, b):
        return a * b
>>> s = func( "knock ~ ", 2)
>>> print(s)
knock ~ knock ~
```

无论定义的是返回什么类型,return 只能返回单值,但值可以存在多个元素。return [1,3,5]是指返回一个列表,是一个列表对象,1,3,5 分别是这个列表的元素。return 1, 3,5 看似返回多个值,隐式地被 Python 封装成了一个元组返回。

实例 5 - 3　return 元组返回元组单值

```
>>> def func( a, b):
        return b,a
>>> s = func( "knock ~ ", 2)
>>> print(s, type(s))
(2, 'knock ~ ') < class 'tuple'>
```

5.4　函数的递归

函数作为一种代码封装,可以被其他程序调用,当然,也可以被函数内部代码调用。这种函数定义中调用函数自身的方式称为递归。就像一个人站在装满镜子的房间中,看到的影像就是递归的结果。递归在数学和计算机应用上非常强大,能够非常简洁地解决重要问题。

数学上有个经典的递归例子叫阶乘,阶乘通常定义为

$$n! = n(n-1)(n-2)\cdots(1) \tag{5-1}$$

这个关系给出了另一种表达阶乘的方式

$$n! = \begin{cases} 1, & n=0 \\ n(n-1)!, & \text{其他} \end{cases} \tag{5-2}$$

阶乘的例子揭示了递归的 2 个关键特征:存在一个或多个基例,基例不需要再次递归,它是确定的表达式;所有递归链要以一个或多个基例结尾。

阶乘的计算:根据用户输入的整数 n,计算并输出 n 的阶乘值。

实例 5 - 4　阶乘计算

```
def fact(n):
    if n == 0:
        return 1
    else:
```

```
        return n * fact(n- 1)
num = input("请输入一个整数: ")
print(fact(int(num)))
```

5.5 内置函数

Python 还有一类函数称为内置函数(built-in function)。我们平常都是用(＊＊)来计算乘方,事实上,可以用一个函数来代替这个运算符,这个函数就是 pow()。还有很多像这样的内置函数可以用于数值表达式,比如使用 abs 函数可以得到数的绝对值,round 函数会把浮点数四舍五入为最接近的整数值。Python 内置函数包含在模块 builtins 中,该模块在启动 Python 解释器时会自动装入内存,常用的 print()、type()和 id()都是内置函数。以下为 Python 的内置函数。

abs()	id()	round()	compile()	locals()
all()	input()	set()	dir()	map()
any()	int()	sorted()	exec()	memoryview()
ascii()	len()	str()	enumerate()	next()
bin()	list()	tuple()	filter()	object()
bool()	max()	type()	format()	property()
chr()	min()	zip()	frozenset()	repr()
complex()	oct()		getattr()	setattr()
dict()	open()		globals()	slice()
divmod()	ord()	bytes()	hasattr()	staticmethod()
eval()	pow()	delattr()	help()	sum()
float()	print()	bytearray()	isinstance()	super()
hash()	range()	callable()	issubclass()	vars()
hex()	reversed()	classmethod()	iter()	__ import()__

5.6 高阶函数

一个函数可以作为参数传给另外一个函数,或者一个函数的返回值为另外一个函数(若返回值为该函数本身,则为递归),则称为高阶函数。Python 中内置了一些常用的高阶函数,比如 map()函数、reduce()函数、filter()函数和 sorted()函数。

5.6.1 map 函数

map()是 Python 内置的高阶函数,接受一个函数 f 和一个或多个序列 list,并通过把函数 f 依次作用在序列 list 的每个元素上,得到一个新的 list 并返回。

语法：map(function，iterable，…)

参数：function——函数，iterable——一个或多个序列

返回值：Python 2.x 返回列表。Python 3.x 返回迭代器。

实例 5-5　map 代码块执行

```
def my_square(x):
    return x**2
do_list = [1,2,3,4,5]
print(list(map(my_square, do_list)))

res= map(lambda x, y; x+ y, [1, 2, 3, 4], [4, 2, 3, 5])
print(list(res))
```

输出结果如下。

```
[1, 4, 9, 16, 25]
[5, 4, 6, 9]
```

5.6.2　filter 函数

filter() 函数用于过滤序列，过滤掉不符合条件的元素，返回由符合条件元素组成的新列表。该函数接受两个参数，第一个为函数，第二个为序列，序列的每个元素作为参数传递给函数进行判断，然后返回 True 或 False，最后将返回 True 的元素放到新列表中。

语法：filter(function，iterable)。

参数：function——判断函数，iterable——可迭代对象。

返回值：返回列表。

实例 5-6　filter 代码块执行

```
def is_odd(n):
    return n % 2 == 1

newlist = list(filter(is_odd, [1, 2, 3, 4, 5, 6, 7, 8, 9, 10]))
print(newlist)
```

输出结果如下。

```
[1, 3, 5, 7, 9]
```

5.6.3　reduce 函数

reduce()函数接受的参数与 map()类似，但是行为不同。reduce()函数会对参数序列中元素进行累加。reduce()传入的函数 f 必须接受两个参数，用传给 reduce 中的函数 f（有两个参数）先对集合中的第 1、2 个元素进行操作，得到的结果再与第 3 个数据用 f 函数运算，最后得到一个结果。

语法：reduce(function，iterable[，initializer])。

参数：function——函数，有两个参数。iterable——可迭代对象。initializer——可选，初始参数。

实例 5-7　reduce 代码块执行

```
from functools import reduce
def add(x,y):
    return x + y

print(reduce(add, [1,2,3,4,5]))
```

输出结果如下。

```
15
```

5.6.4　sorted 函数

sort 与 sorted 的区别：sort 是应用在 list 上的方法；sorted 可以对所有可迭代的对象进行排序操作。sort 方法返回的是对已经存在的列表进行操作，无返回值，而内建函数 sorted 方法返回的是一个新的 list，而不是在原来的基础上进行的操作。

语法：sorted(iterable，key=None，reverse=false)。

参数：iterable——可迭代对象；

key——主要是用来进行比较的元素，只有一个参数，具体的函数参数取自于可迭代对象，指定可迭代对象中的一个元素来进行排序；

reverse——排序规则，reverse ＝True 降序，reverse ＝False 升序（默认）。

返回值：返回重新排序的列表。

以下代码展示了 sorted()的使用方法：

```
> > > a = [5, 7, 6, 3, 4, 1, 2]
> > > b = sorted(a)        # 保留原列表
> > > a
[5, 7, 6, 3, 4, 1, 2]
> > > b
[1, 2, 3, 4, 5, 6, 7]
> > > L= [('b', 2), ('d', 4), ('a', 1), ('c', 3)]

> > > sorted(L, key = lambda x: x[1])              # 利用 key
[('a', 1), ('b', 2), ('c', 3), ('d', 4)]

> > > students = [('john', 'A', 15), ('jane', 'B', 12), ('dave', 'B', 10)]
> > > sorted(students, key = lambda s: s[2])            # 按年龄排序
[('dave', 'B', 10), ('jane', 'B', 12), ('john', 'A', 15)]

> > > sorted(students, key = lambda s: s[2], reverse = True)       # 按年龄降序
[('john', 'A', 15), ('jane', 'B', 12), ('dave', 'B', 10)]
```

5.7　模块概述

在 Python 中,一个文件(以".py"为后缀名的文件)就称为一个模块,每一个模块在 Python 里都可视为一个独立的文件。模块可以被项目中的其他模块、一些脚本甚至是交互式的解析器所使用。它可以被其他程序引用,从而使用该模块里的函数等功能,使用 Python 中的标准库也是采用这种方法。

在 Python 中模块分为以下 3 种:① 系统内置模块,例如:sys、time、json 模块等;② 自定义模块,自定义模块是自己写的模块,对某段逻辑或某些函数进行封装后供其他函数调用;③ 第三方的开源模块,这部分模块可以通过 pip install 进行安装,有开源的代码。

5.8　__ name __ 属性和 dir 函数

__ name __ 是一个变量,其前后加了双下画线,因为这是系统定义的名字。普通变量不使用此方式命名变量。如果是自身模块在执行,那么__ name __ 就等于__ main __;如果是通过 import 调用的模块,那么此模块名字为文件名字(不加后面的.py)。

(1) 定义一个模块 demo.py。

```
def main():
    if __ name __ == '__ main __':
        print('程序自身在运行')
    else:
        print('我来自另一模块')

main()
print(__ name __)
```

如果直接执行(可以看出此时的__ name __ ==__ main __),输出结果如下。

```
程序自身在运行
__ main __
```

(2) 新建一个 py 文件,引入 demo.py 模块。

```
import demo
demo.main()
print(demo.__ name __)
```

可以看出此时__ name __ !=__ main __,且__ name __ ==模块文件名。第一次执行

以上代码,输出结果如下。

```
我来自另一模块
demo
我来自另一模块
demo
```

dir()函数能够返回由对象所定义的名称列表。dir()可以带参数,如果参数是模块名称(当然参数也可以是类、函数等),那么将返回这一指定模块的名称列表。如果没有参数,那么函数将返回当前文件(即当前模块的名称列表)。

对于dir()的使用参考例5-8。在例5-8中,首先展示了dir在被导入的sys模块上的用法,我们能够看见它所包含的一个巨大的属性列表。以不传递参数的形式使用dir函数时,在默认的情况下它返回的是当前模块的属性列表,要注意被导入模块的列表也是这一列表的一部分。定义一个新的变量a,并为其赋值。然后检查dir返回的结果,发现同名列表中出现了一个新的值。最后通过del语句移除了一个变量或是属性,这一变化再次反映在dir函数返回结果中。

实例5-8　dir()应用

```
>>> import sys
>>> dir(sys)
['__displayhook__', '__doc__','argv', 'builtin_module_names','version', 'version_info']
# 此处只展示部分条目
>>> dir()
['__builtins__', '__doc__','__name__', '__package__','sys']
>>> a = 5
>>> dir()
['__builtins__', '__doc__', '__name__', '__package__', 'a']
>>> del a
>>> dir()
['__builtins__', '__doc__', '__name__', '__package__']
```

5.9　本章小结

本章介绍了Python基础中的函数和模块。函数部分介绍了函数的结构、函数的参数、函数的返回值、函数的递归、内置函数以及常用的高阶函数;模块部分主要介绍模块的__name__属性和dir函数。在本章中需要掌握如何定义一个函数(模块)、如何调用一个函数(模块)以及如何查看一个模块的属性。

第6章 Python 编程库（模块）的导入

Python 项目的组织结构包括：包、模块、类及函数变量。包是指对应一个文件夹，包含多个模块文件；模块是指对应一个.py 文件，包含一个或多个类；类中包含函数与变量；函数是用来实现特定功能的一段代码。

6.1 基本概念

6.1.1 包的定义

为避免模块名冲突，Python 引入了按目录组织模块的方法，称之为包（package），即含有 Python 模块的文件夹（见图 6-1）。

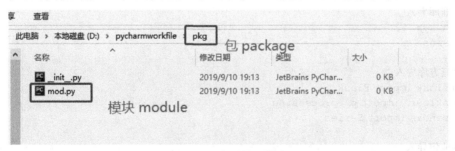

图 6-1 包结构文件夹

当一个文件夹下有 __ init __. py 时，表示该文件夹是一个包，其下的多个模块（module）构成一个整体，而这些模块都可通过同一个包导入其他代码中。

6.1.2 模块的定义

Python 中的模块和 C 语言中的头文件以及 Java 中的包很类似，比如在 Python 中要调用 sqrt 函数，必须用 import 关键字引入 math 这个模块。模块能够让你有逻辑地组织 Python 代码段。把相关的代码分配到一个模块里，能让代码更好用，更易懂。模块也是 Python 对象，可用任意的名字属性进行绑定或引用。简单地说，模块就是一个保存了

Python 代码的文件。模块能定义函数、类和变量。模块也能包含可执行的代码。

6.1.3 __ init __.py 文件的作用

__ init __.py 用于组织包,方便管理各个模块之间的引用,控制着包的导入行为。该文件可以什么内容都不写,即为空文件(为空时,仅仅用 import [该包]形式,是什么也做不了的),存在即可,相当于一个标记。但若想使用 from pakcage_1 import * 这种形式的写法,需在 __ init __.py 中加上 __ all __ =['file_a', 'file_b'](package_1 下有 file_a.py 和 file_b.py),在导入时,__ init __.py 文件将被执行。

其中,__ all __ 是一个重要的变量,用来指定此包(package)被 import * 时,哪些模块会被 import 进当前作用域中。不在 __ all __ 列表中的模块不会被其他程序引用。也可以重写 __ all __,如 __ all __ = ['当前所属包模块 1 名字', '模块 2 名字'],如果写了名字,则会按列表中的模块名进行导入。

6.1.4 导入语句小常识

(1) 导入总是位于文件的顶部,在任何模块注释和文档字符串之后。

(2) 导入应该根据导入情况来划分。通常有三类:① 标准库导入(Python 的内置模块);② 相关第三方导入(已安装且不属于当前应用程序的模块);③ 本地应用程序导入(属于当前应用程序的模块)。

(3) 每一组导入建议用空行隔开。

实例 6-1 导入语句

```
# 标准库导入
import sys
import os

# 第三方库导入
from flask import Flask
from sklearn import preprocessing
from pandas import Series

# 本地包导入
from local_pkg import local_class
from local_model import local_function
```

6.2 模块的导入方法

6.2.1 常规导入

常规导入应该是最常使用的导入方式。

```
> > > import sys
```

只需要使用 import,然后指定希望导入的模块或者包即可。也可以通过这种方式一次性导入多个包或者模块。

```
> > > import os,sys,time
```

不过虽然这么做可以节省空间,但是违背了 Python 风格指南,建议将每个导入语句单独成行。在导入模块时,也可以重命名这个模块,如将 sys 模块重命名为 system,然后可以用新的模块名来调用该模块。

```
> > > import sys as system
```

6.2.2　使用 from 语句导入

若只想要导入一个模块或者库的某一部分,可以使用 from 语句导入。

```
> > > from functools import lru_cache
```

如果按常规方式导入就只能这样调用 lru_cache。

```
> > > import functools.lrucache
```

根据实际的使用场景,一般采用第一种方法。在复杂的代码库中,能够看出某个函数是从哪里导入的,这点很有用。

也可以使用 from 方法导入模块的全部内容。

```
> > > from os import *
```

当然,这种做法在少数情况下是挺方便的,但是会打乱自己的命名空间,若是定义了一个与导入模块中名称相同的变量或者函数,此时又试图使用 os 模块中的同名变量或函数,但实际使用的是自己定义的变量或函数,最后可能会发生让人困惑的逻辑错误。

6.2.3　模块 import 小常识

(1) Python 进行 import 时的搜索路径:首先,在当前目录下搜索该模块;然后,在环境变量 PYTHONPATH 中指定的路径列表中依次搜索;最后,在 Python 安装路径的 lib 库中搜索,直到找到为止。

(2) Python 进行 import 时的步骤:Python 所有加载的模块信息都存放在 sys.modules 结构中,当 import 一个模块时,会按如下步骤来进行。如果是 import A,检查 sys.modules 中是否已经有 A,如果有则不加载,如果没有则为 A 创建 module 对象,并加载 A;如果是 from A import B,先为 A 创建 module 对象,再解析 A,从中寻找 B 并填充到 A 的 __ dict __ 中。

6.2.4　绝对导入

实例6-2　有一个project目录,包含两个
子目录:pkg1和pkg2。pkg1目录有两个文件,
module_a.py和module_b.py;pkg2目录有三个
文件和一个subpkg目录。三个文件包括了两个
模块module_c.py和module_d.py和初始化文
件__init__.py。subpkg目录里包含了一个文件
module_e.py。目录结构如图6-2所示。

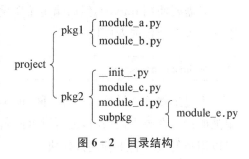

图6-2　目录结构

假设:(1) pkg1/module_a.py包含一个函数function_a。

(2) pkg2/__init__.py包含一个类class1。

(3) pkg2/subpkg/module_e.py包含一个函数function_b。

绝对导入如下。

```
>>> from pkg1 import module_b
>>> from pkg1.module_a import function_a
>>> from pkg2 import class1
>>> from pkg2.subpkg.module_e import function_b
```

注意:必须从顶级包文件夹中为每个包或文件提供详细路径。这有点类似于它的文件路径,但是我们使用点(.)代替斜杠(/)。

6.2.5　相对导入

绝对导入是首选,因为其非常明确和直接,但当目录结构非常冗长时,如from pkg1.subpkg1.subpkg2.subpkg3.module4.class5.function6,此时相对导入便是一个很好的选择。相对导入只能使用from <> import <>这种语法,并且使用. 作为前导点。导入的具体格式为from . import B或from ..A import B,其中.代表当前模块,..代表上层模块,...代表上上层模块,依次类推。

相对导入如下。

```
>>> from .some_module import some_class
>>> from .some_package import some_function
>>> from .import some_class
```

6.2.6　绝对导入和相对导入的对比

相对导入的优势是简练,但是相对导入很容易混乱,特别是对于目录结构可能改变的共享项目,其可读性也不高,很难快速识别导入资源的位置。

绝对导入更清晰、不易变、并且可以避免与标准库命名的冲突。如果包不是特别复杂,那么还是建议采用绝对导入。

注意：Python 的相对导入与绝对导入这两个概念是相对于包内导入而言的,包内导入是指包内的模块导入包内部的模块。

6.3　常见科学类库及其使用

6.3.1　NumPy 库

NumPy(numerical Python)是 Python 语言的一个扩充程序库,支持高级大量的维度数组与矩阵运算,也针对数组运算提供大量的数学函数库,是大量机器学习框架的基础库。NumPy 常用模块如表 6-1 所示。

表 6-1　NumPy 常用模块

模　块　名	作　　用	模　块　名	作　　用
numpy.array	创建数组	numpy.random	随机分布数组
numpy.arange	指定范围内数组	numpy.zeros	用 0 填充数组
numpy.dot	矩阵运算	numpy.reshape	改变数据格式
numpy.gradient	N 维数组的梯度	numpy.sum	所有元素求和
numpy.diag	返回矩阵对角线	numpy.linalg	线性代数求解

实例 6-3　矩阵相乘

```
import numpy as np
a = [[1, 2], [3, 4]]
b = [[3, 4], [5, 6]]
result = np.dot(a, b)
print(result)
```

输出结果：

```
[[13 16]
 [29 36]]
```

实例 6-4　求解逆矩阵

```
import numpy as np
a = [[1, 2], [3, 4]]
b = [[3, 4], [5, 6]]
result = np.dot(a, b)
inverse_matrix = np.linalg.inv(result)
print(inverse_matrix)
```

输出结果如下。

```
[[9.   - 4.]
 [- 7.25  3.25]]
```

实例 6-5　求解特征值和特征向量

```
import numpy as np
a = [[1, 2],[3, 4]]
b = [[3, 4],[5, 6]]
result = np.dot(a, b)
characteristic_value, feature_vector = np.linalg.eig(result)
print(characteristic_value)
print("= = = = = = = = = = = = = ")
print(feature_vector)
```

输出结果如下。

```
[0.08176911  48.91823089]
= = = = = = = = = = = = = = = = = = =
[[- 0.77805636  - 0.40691011]
[0.62819448  - 0.91346821]]
```

6.3.2　Matplotlib 库

Matplotlib 是 Python 最著名的绘图库,该库仿造 Matlab 提供了一整套类似的绘图函数,用于绘图和绘表,它拥有强大的数据可视化工具和绘图库,适合交互式绘图。Matplotlib 库常见图形绘制如表 6-2 所示。

表 6-2　Matplotlib 常见图形绘制

函数或模块名	作　用	函数或模块名	作　用
matplotlib.pyplot.scatter	散点图	mpl_toolkits.mplot3d.axes3d	3D
matplotlib.pyplot.hist	直方图	matplotlib.pyplot.pie	饼图

(1) 散点图,如图 6-3 所示。

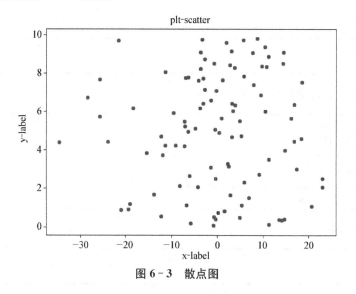

图 6-3　散点图

（2）3D 图，如图 6-4 所示。

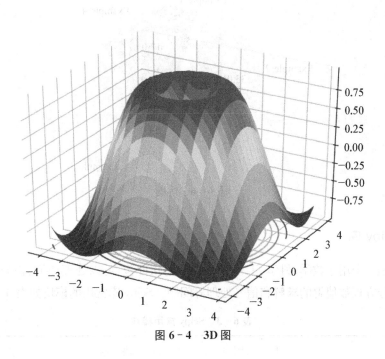

图 6-4　3D 图

（3）直方图，如图 6-5 所示。

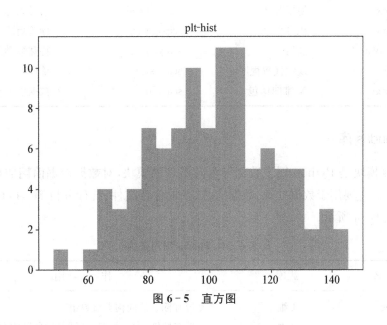

图 6-5　直方图

（4）饼图，如图 6 - 6 所示。

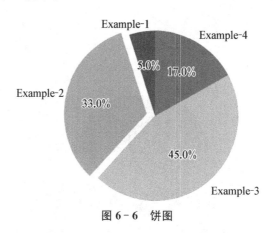

图 6 - 6　饼图

6.3.3　Scipy 库

Scipy 是一个用于数学、科学、工程领域的常用软件包，可以处理插值、积分、优化、图像处理，常微分方程数值解的求解和信号处理等问题。Scipy 库常用的模块如表 6 - 3 所示。

表 6 - 3　**Scipy 常用模块**

模　块　名	作　用	模　块　名	作　用
scipy.cluster	向量计算	scipy.odr	正交距离回归
scipy.constants	物理和数学常量	scipy.optimize	优化
scipy.fftpack	傅里叶变换	scipy.signal	信号处理
scipy.integrate	积分程序	scipy.sparse	稀疏矩阵
scipy.interpolate	插值	scipy.special	特殊数学函数
scipy.linalg	线性代数程序	scipy.stats	统计
scipy.ndimage	N 维图像包	scipy.io	数据输入输出

6.3.4　Pandas 库

Pandas 模块是 Python 用于数据导入及整理的模块，对数据挖掘前期数据的处理工作十分有用。主要用于数据处理、数据清洗、获取保存文件、统计分析等。Pandas 库常用的模块如表 6 - 4 所示。

表 6 - 4　**Pandas 常用模块**

模　块　名	维度	作　用
Series	1 维	带有标签的同构类型数组
DataFrame	2 维	带有标签，大小可变，且可以包含异构数据列

实例 6 - 6　Series 的使用

```
import numpy as np, pandas as pd
arr1 = np.arange(10)
s1 = pd.Series(arr1)
print(s1)
```

输出结果如下。

```
0    0
1    1
2    2
3    3
4    4
5    5
6    6
7    7
8    8
9    9
```

实例 6 - 7　DataFrame 的使用

```
import pandas as pd
data = {'state': ['Ohio', 'Ohio', 'Ohio', 'Nevada', 'Nevada', 'Nevada'],
        'year': [2000, 2001, 2002, 2001, 2002, 2003],
        'pop': [1.5, 1.7, 3.6, 2.4, 2.9, 3.2]}
df= pd.DataFrame(data)
print(df)
```

输出结果如下。

```
    state   year  pop
0   Ohio    2000  1.5
1   Ohio    2001  1.7
2   Ohio    2002  3.6
3   Nevada  2001  2.4
4   Nevada  2002  2.9
5   Nevada  2003  3.2
```

6.3.5　Scikit-learn 库

Scikit-learn 的简称是 Sklearn,是一个 Python 库,专门用于机器学习模块,Sklearn 包含的机器学习方式有分类、回归、无监督、数据降维、模型选择、数据预处理等。

Scikit-learn 机器学习步骤:导入 sklearn→加载数据→划分训练集和测试集→数据预处理→创建模型→模型拟合→预测→评估。

实例 6-8　普通最小二乘法

```
from sklearn import linear_model
reg = linear_model.LinearRegression()
reg.fit([[0, 0], [1, 1], [2, 2]], [0, 1, 2])
print(reg.coef_)
```

输出结果如下。

```
[0.5, 0.5]
```

实例 6-9　寻找最近邻

```
from sklearn.neighbors import NearestNeighbors
import numpy as np
X = np.array([[- 1, - 1], [- 2, - 1], [- 3, - 2], [1, 1], [2, 1], [3, 2]])
nbrs = NearestNeighbors(n_neighbors= 2, algorithm= 'ball_tree').fit(X)
distances, indices = nbrs.kneighbors(X)
print(indices, distances)
```

输出结果如下。

```
[[0, 1],
 [1, 0],
 [2, 1],
 [3, 4],
 [4, 3],
 [5, 4]]
[ [0.        , 1.        ],
 [0.        , 1.        ],
 [0.        , 1.41421356],
 [0.        , 1.        ],
 [0.        , 1.        ],
 [0.        , 1.41421356]]
```

6.4　本章小结

本章主要介绍了导入模块的各种方法,包括常规导入和 from 导入,同时介绍了包中 __ init __.py 文件的作用,便于详细了解包的具体结构。最后介绍了常用科学计算库的使用,并且列举了一些案例并加以说明。

有监督学习经典模型篇

第7章 线性分类器

在机器学习领域,分类的目标是指将具有相似特征的对象聚集。而一个线性分类器则通过特征的线性组合来做出分类决定,以达到此种目的。对象的特征通常被描述为特征值,而在向量中则描述为特征向量。线性分类器适用于对分类速度有较高要求的应用场景,特别当特征向量较为稀疏且维度很高时,线性分类器通常表现良好。

在一般情况下,线性分类器只能是次优分类器,但是由于其设计简单,而且在一些情况(例如样本分布服从正态分布且各类协方差矩阵相等)下,判别函数可以是最小错误率或最小风险意义下的最优分类器,因此应用比较广泛,尤其是在有限样本的情况下甚至可以做到比非线性分类器效果更好。

7.1 线性分类器的基本原理

通过一个二维平面图(见图7-1),来了解线性分类器。

先看图7-1中间的那条直线,这条直线就是一条可以将实心点和空心点分隔开来的直线,所以图7-1中的数据点是线性可分的。这条直线其实就是线性分类器,也可以叫作分类函数。

假设对模式 x 抽取 n 个特征,表示为

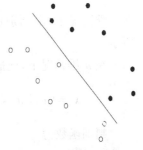

$$x = (x_1, x_2, \cdots, x_n)^{\mathrm{T}}$$

图7-1 线性分类器

式中, x 是 n 维空间的一个向量。模式识别问题就是根据模式 x 的 n 个特征来判别模式属于 $\omega_1, \omega_2, \cdots, \omega_m$ 类中的哪一类。如图7-2所示的三分类问题,它们的边界线就是一个判别函数。

用判别函数进行模式分类,取决于两个因素:判别函数的几何性质,线性函数和非线性函数;判别函数的系数,当判别函数的形式确定后,主要就是确定判别函数的系数问题。判别函数包含两类,一类是线性判别函数,包括:① 线性判别函数,线性

63

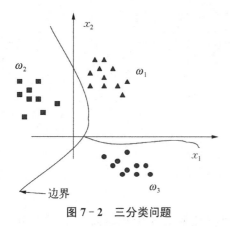

图 7-2 三分类问题

判别函数是统计模式识别的基本方法之一,具有简单且容易实现的特点;② 广义线性判别函数,所谓广义线性判别函数就是把非线性判别函数映射到另外一个空间(高维)变成线性判别函数;③ 分段线性判别函数。另一类是非线性判别函数。

对两类问题和多类问题分别进行讨论。两类问题

$$\omega_i = (\omega_1, \omega_2)^T, M = 2 \qquad (7-1)$$

取有两个特征的向量

$$\boldsymbol{x} = (\boldsymbol{x}_1, \boldsymbol{x}_2)^T, n = 2 \qquad (7-2)$$

这种情况下,判别函数为

$$g(x) = w_1 \boldsymbol{x}_1 + w_2 \boldsymbol{x}_2 + w_3 \qquad (7-3)$$

式中,w_1,w_2,w_3 为参数;$\boldsymbol{x}_1$,$\boldsymbol{x}_2$ 为坐标向量。

在两类别情况下,判别函数 $g(x)$ 具有以下性质:

$$g(x) = \begin{cases} > 0, & \boldsymbol{x} \in \omega_1 \\ < 0, & \boldsymbol{x} \in \omega_2 \\ = 0, & \boldsymbol{x} \ \text{不定} \end{cases} \qquad (7-4)$$

在二维情况下,由判别边界分类,如图 7-3 所示。

在 n 维情况下,现抽取 n 个特征为

$$\boldsymbol{x} = (x_1, x_2, \cdots, x_n)^T \qquad (7-5)$$

判别函数为

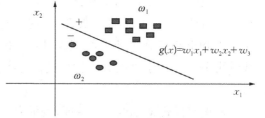

图 7-3 两类问题

$$g(x) = w_1 x_1 + w_2 x_2 + \cdots + w_n x_n + w_{n+1} = \boldsymbol{W}_0 \boldsymbol{x} + w_{n+1} \qquad (7-6)$$

其中,$\boldsymbol{W}_0 = (w_1, w_2, \cdots, w_n)^T$ 为权向量;$\boldsymbol{x} = (x_1, x_2, \cdots, x_n)^T$ 为模式向量。另外一种表示方法,$g(x) = \boldsymbol{W}^T \boldsymbol{x}$,$\boldsymbol{W} = (w_1, w_2, \cdots, w_n, w_{n+1})^T$ 为增广权向量,$\boldsymbol{x} = (x_1, x_2, \cdots, x_n, x_{n+1})^T$ 为增广模式向量。

对于多类问题:模式有 ω_1,ω_2,$\cdots$,ω_m 个类别,可分如下三种情况。

第一种情况,每一模式类与其他模式类间可用单个判别平面把一个类分开。这种情

况，M 类可有 M 个判别函数，且具有以下性质

$$g_i(x) = \boldsymbol{W}_i^{\mathrm{T}} \boldsymbol{x} \begin{cases} > 0, & x \in \omega_i \\ < 0, & \boldsymbol{x} \in \text{其他类别}, i = 1, 2, \cdots, M \\ = 0, & \boldsymbol{x} \text{ 不定} \end{cases} \tag{7-7}$$

式中，$\boldsymbol{W}_i = (\omega_{i1}, \omega_{i2}, \cdots, \omega_{in}, \omega_{i(n+1)})^{\mathrm{T}}$ 为第 i 个判别函数的增广权向量，此情况可理解为 $\omega_i / \bar{\omega}_i$ 两分法。如图 7-4 所示，每一类别可用单个判别边界与其他类别相分开。如果模式 $\boldsymbol{x}$ 属于 ω_1，则由图 7-4 可清楚看出：这时 $g_1(x) > 0$，而 $g_2(x) < 0$，$g_3(x) < 0$。ω_1 类与其他类之间的边界由 $g_1(x) = 0$ 确定。

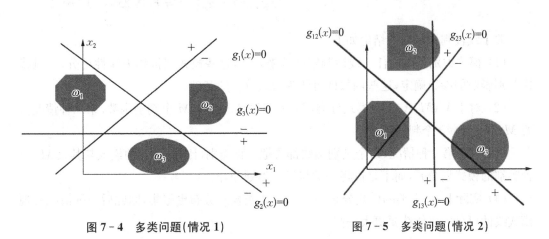

图 7-4　多类问题(情况 1)　　　　　　图 7-5　多类问题(情况 2)

第二种情况，每个模式类和其他模式类间可分别用判别平面分开，一个判别界面只能分开两个类别，不一定能把其余所有的类别分开。这种情况可理解为 ω_i / ω_j 二分法。这样有 $M(M-1)/2$ 个判别平面。对于两类问题，$M = 2$，则有一个判别平面。同理，三类问题则有三个判别平面。如图 7-5 所示。

第三种情况，每类都有一个判别函数，存在 M 个判别函数，这种情况可理解为无不确定区的 ω_i / ω_j 二分法。

判别函数：$g_k(x) = \boldsymbol{W}_K^{\mathrm{T}} \boldsymbol{x}$，$K = 1, 2, \cdots, M$。

判别规则：$g_i(x) = \boldsymbol{W}_k^{\mathrm{T}} \boldsymbol{x} \begin{cases} \text{最大}, & \text{当 } x \in \omega_i \\ \text{小}, & \text{其他} \end{cases}$

判别边界：$g_i(x) = g_j(x)$ 或 $g_i(x) - g_j(x) = 0$

就是说，要判别模式 $\boldsymbol{x}$ 属于哪一类，先把 $\boldsymbol{x}$ 代入 M 个判别函数中，判别函数最大的那个类别就是 $\boldsymbol{x}$ 所属类别。类与类之间的边界可由 $g_i(x) = g_j(x)$ 或 $g_i(x) - g_j(x) = 0$ 来确定。

图 7-6 所示是 $M = 3$ 的例子。对于 ω_1 类模式，必然满足 $g_1(x) > g_2(x)$ 和 $g_1(x) > g_3(x)$。

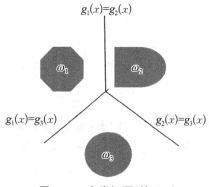

$$g_1(x)=g_2(x)$$

图 7-6　多类问题(情况 3)

假设判别函数为

$$\begin{cases} g_1(x)=-x_1+x_2 \\ g_2(x)=x_1+x_2-1 \\ g_3(x)=-x_2 \end{cases}$$

则判别边界为

$$\begin{cases} g_1(x)-g_2(x)=-2x_1+1=0 \\ g_1(x)-g_3(x)=-x_1+2x_2=0 \\ g_2(x)-g_3(x)=x_1+2x_2-1=0 \end{cases}$$

关于线性判别函数的结论如下。

(1) 模式类别若可用任一线性判别函数来划分,这些模式就被称为线性可分;一旦线性判别函数的参数确定,这些函数即可作为模式分类的基础。

(2) 对于 $M(M \geqslant 2)$ 类模式分类,第一、三种情况需要 M 个判别函数;第二种情况需要 $M(M-1)/2$ 个判别函数。

(3) 对于第一种情况,每个判别函数都要把一种类别(比如 i 类)的模式与其余 $M-1$ 种类别的模式划分开,而不是仅将一类与另一类划分开。

(4) 实际上,一个类的模式分布要比 $M-1$ 类模式分布更聚集,因此后两种情况实现模式线性可分的可能性要更大一些。

7.2　设计线性分类器

7.2.1　线性分类器设计步骤

设计线性分类器就是利用训练样本集建立线性判别函数,即要估计其中的未知参数 W,也就是寻找最好参数的过程。最好的参数往往是准则函数的极值点。这样,设计线性分类器的问题就转化为利用训练样本集寻找准则函数的极值点 W 的问题。

主要步骤如下。

(1) 获取训练样本集,即一组具有类别标志的样本集。如 $x=\{x_1, x_2, \cdots, x_n\}$,$x$ 可看作确定性样本集,也可看作随机样本集。

(2) 确定一个准则函数 $J(x, W)$,J 的值反映分类器的性能,它的极值解则对应于最好的决策。

(3) 用最优化方法求出准则函数的极值解 W^*。

(4) 对未知样本 x,只要计算 $g(x)$,然后根据决策规则判定 x 所属类别。

7.2.2 权向量的训练过程

利用已知类别学习样本来获得权向量的训练过程如图 7-7 所示。

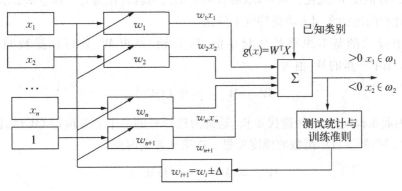

图 7-7 权向量训练过程

已知 $\boldsymbol{x}_1 \in \omega_1$，通过检测调整权向量，最终使 $\boldsymbol{x}_1 \in \omega_1$；已知 $\boldsymbol{x}_2 \in \omega_2$，通过检测调整权向量，最终使 $\boldsymbol{x}_2 \in \omega_2$；这样就可以通过有限的样本去决定权向量。利用方程组对权向量进行求解。

对二类判别函数 $g(x) = \omega_1 x_1 + \omega_2 x_2 + \omega_3$，已知训练集：$\boldsymbol{x}_a$，$\boldsymbol{x}_b$，$\boldsymbol{x}_c$，$\boldsymbol{x}_d$，且当 $(\boldsymbol{x}_a, \boldsymbol{x}_b) \in \omega_1$ 时，$g(x) > 0$；当 $(\boldsymbol{x}_c, \boldsymbol{x}_d) \in \omega_2$ 时，$g(x) < 0$。

设 $\boldsymbol{x}_a = (\boldsymbol{x}_{1a}, \boldsymbol{x}_{2a})^{\mathrm{T}}$；$\boldsymbol{x}_b = (\boldsymbol{x}_{1b}, \boldsymbol{x}_{2b})^{\mathrm{T}}$；$\boldsymbol{x}_c = (\boldsymbol{x}_{1c}, \boldsymbol{x}_{2c})^{\mathrm{T}}$；$\boldsymbol{x}_d = (\boldsymbol{x}_{1d}, \boldsymbol{x}_{2d})^{\mathrm{T}}$

判别函数可联立成：① $x_{1a}\omega_1 + x_{2a}\omega_2 + \omega_3 > 0$；② $x_{1b}\omega_1 + x_{2b}\omega_2 + \omega_3 > 0$；③ $x_{1c}\omega_1 + x_{2c}\omega_2 + \omega_3 < 0$；④ $x_{1d}\omega_1 + x_{2d}\omega_2 + \omega_3 < 0$。

求出 $\omega_1, \omega_2, \omega_3$，将③④式正规化，得：$-\boldsymbol{x}_{1c}W_1 - \boldsymbol{x}_{2c}W_2 - W_3 > 0$；$-\boldsymbol{x}_{1d}W_1 - \boldsymbol{x}_{2d}W_2 - W_3 > 0$。所以 $g(x) = \boldsymbol{W}^{\mathrm{T}}\boldsymbol{x} > 0$，其中，$\boldsymbol{W} = (W_1, W_2, W_3)$

$$\boldsymbol{x} = \begin{bmatrix} \boldsymbol{x}_{1a} & \boldsymbol{x}_{2a} & 1 \\ \boldsymbol{x}_{1b} & \boldsymbol{x}_{2b} & 1 \\ -\boldsymbol{x}_{1c} & -\boldsymbol{x}_{2c} & -1 \\ -\boldsymbol{x}_{1d} & -\boldsymbol{x}_{2d} & -1 \end{bmatrix}$$

$\boldsymbol{x}$ 为各模式增 1 矩阵，是 $N * (n+1)$ 矩阵，其中 N 为样本数，n 为特征数。由此可见：训练过程就是对已知类别的样本集求解权向量 $\boldsymbol{W}$，这是一个线性联立不等式方程组求解的过程。求解时：① 只有对线性可分的问题，$g(x) = \boldsymbol{W}^{\mathrm{T}}\boldsymbol{x}$ 才有解；② 联立方程的解是非单值，在不同条件下，有不同的解，所以就产生了求最优解的问题；③ 求解 $\boldsymbol{W}$ 的过程就是训练的过程。训练方法的共同点是先给出准则函数，再寻找使准则函数趋于极值的优化算法，不同的算法有不同的准则函数。同时，算法可以分为迭代法和非迭代法。

7.2.3　梯度下降法—迭代法

基本思路：欲对不等式方程组 $W^T x > 0$ 求解，先定义准则函数（目标函数）$J(W)$，再求 $J(W)$ 的极值使 W 优化。因此，求解权向量的问题就转化为对一标量函数求极值的问题。解决此类问题的常用方法是梯度下降法。

梯度下降法的基本思路是从起始值 W_1 开始，算出 W_1 处目标函数的梯度矢量 $\bigtriangledown J(W_1)$，则下一步的 W_2 值为

$$W_2 = W_1 - \rho_1 \bigtriangledown J(W_1)$$

其中，W_1 为起始权向量；ρ_1 为迭代步长，通常为选择好的一个常量值；$J(W)$ 为目标函数；$\bigtriangledown J(W_1)$ 为 W_1 处的目标函数的梯度矢量。在第 k 步的时候：

$$W_{k+1} = W_k - \rho_k \bigtriangledown J(W_k)$$

这就是梯度下降法的迭代公式。这样一步步迭代，就可以收敛于解矢量，步长 ρ_k 取值很重要。

7.3　应用举例——良/恶性乳腺癌肿瘤预测

7.3.1　问题描述

"良/恶性乳腺癌肿瘤预测"的问题属于二分类任务。待预测的类别分别是良性乳腺癌肿瘤和恶性乳腺癌肿瘤。通常使用离散的整数来代表类别，如 2 代表良性，4 代表恶性。数据信息及含义如下。

共有 699 条样本数据，每条样本有 11 列不同的数值，1 列用于检索的 id，9 列与肿瘤相关的医学特征，1 列表征肿瘤类型的数值。所有 9 列用于表示肿瘤医学特征的数值均被量化为 1~10 之间的数字，肿瘤类型也借由数字 2 和数字 4 分别指代良性和恶性。数据缺省值用 '?' 标出。数据下载地址为 https://archive.ics.uci.edu/ml/machine-learning-databases/breast-cancer-wisconsin/breast-cancer-wisconsin.data。

本节实验环境采用的库包为基于 Python 3.6 的 pandas 和 numpy，GPU 为 NVIDIA GTX 1070，CPU 为 Intel i7 - 7700HQ。

7.3.2　模型设计

线性分类器是最为基本和常用的机器学习模型。尽管其受限于数据特征与分类目标之间的线性假设，但仍然可以在科学研究与工程实践中把线性分类器的表现性能作为基准。这里所使用的模型包括 LogisticRegression 与 SGDClassifier。本节实验分别利用这两种模型对测试样本进行预测实验。由于这些测试样本拥有正确标记，并记录在变量 y_ test 中,因此非常直观的做法是比对预测结果和原本正确标记,计算测试样本中预测正确的百分比。这个百分比称作准确性,并且将其作为评估分类模型的一个重要性能指标。相比之下,前者对参数的计算采用精确解析的方式,计算时间长但是模型性能略高;后者采用随机梯度下降算法估计模型参数,计算时间短但是产生的模型性能略低。一般而言,对于训练数据规模在 10 万量级以上的数据,考虑时间的耗用,更加推荐使用随机梯度算法对模型参数进行估计。

7.3.3 代码实现

（1）导入所需要的包和模块。

```
import pandas as pd
import numpy as np
from sklearn.model_selection import train_test_split
from sklearn.preprocessing import StandardScaler
from sklearn.linear_model import LogisticRegression
from sklearn.linear_model import SGDClassifier
from sklearn.metrics import classification_report
```

（2）创建特征列表。

```
column_names = ['Sample code number', 'Clump Thickness', 'Uniformity of Cell
Size', 'Uniformity of Cell Shape', 'Marginal Adhesion', 'Single Epithelial Cell
Size', 'Bare Nuclei', 'Bland Chromatin', 'Normal Nucleoli', 'Mitoses', 'Class']
```

（3）获取数据与数据处理。

```
data = pd.read_csv("breast- cancer- wisconsin.data", names = column_names)
data = data.replace(to_replace= '?', value= np.nan)
data = data.dropna(how= 'any')
```

（4）数据划分。

```
X_train,X_test,y_train,y_test= train_test_split(data[column_names[1: 10]],
data[column_names[10]], test_size= 0.25, random_state= 33)
```

（5）标准化数据,保证每个维度的特征数据方差为 1,均值为 0,使得预测结果不会被某些维度过大的特征值而主导。

```
ss = StandardScaler()
X_train = ss.fit_transform(X_train)
X_test = ss.transform(X_test)
```

（6）模型初始化。

```
lr = LogisticRegression()
sgdc = SGDClassifier()
```

（7）训练模型并进行预测。

```
lr.fit(X_train, y_train)
lr_y_predict = lr.predict(X_test)
sgdc.fit(X_train, y_train)
sgdc_y_predict = sgdc.predict(X_test)
```

（8）模型评分。

```
print('Accuracy of LR Classifier: ', lr.score(X_test, y_test))
print(classification_report(y_test, lr_y_predict, target_names= ['Benign',
'Malignant']))
print('Accuarcy of SGD Classifier: ', sgdc.score(X_test, y_test))
print(classification_report(y_test, sgdc_y_predict, target_names= ['Benign',
'Malignant']))
```

7.3.4　结果分析

实验结果如图 7 - 8 所示。

```
Accuracy of LR Classifier: 0.9883040935672515
              precision    recall  f1-score   support

      Benign       0.99      0.99      0.99       100
   Malignant       0.99      0.99      0.99        71

   micro avg       0.99      0.99      0.99       171
   macro avg       0.99      0.99      0.99       171
weighted avg       0.99      0.99      0.99       171

Accuarcy of SGD Classifier: 0.9766081871345029
              precision    recall  f1-score   support

      Benign       0.97      0.99      0.98       100
   Malignant       0.99      0.96      0.97        71

   micro avg       0.98      0.98      0.98       171
   macro avg       0.98      0.97      0.98       171
weighted avg       0.98      0.98      0.98       171
```

图 7 - 8　实验结果

7.4　本章小结

本章主要介绍了引入线性分类器的原因及基本原理，并详细介绍了如何设计一个线性分类器，最后通过一个具体的案例展示线性分类器的使用过程。

第8章 K 近邻算法

最初的 K 近邻算法是由 Cover 和 Hart 于 1968 年提出,随后得到理论上深入的分析与研究,是非参数法中最重要的方法之一。

8.1 算法原理

8.1.1 基本原理

如图 8-1 所示,有两类不同的样本数据,分别用小正方形和三角形表示,而图正中间的圆所标示的数据则是待分类的数据。如果 $K=3$,圆点最近的 3 个邻居是 2 个小三角形和 1 个小正方形,少数从属于多数,基于统计的方法,判定这个待分类点属于三角形一类。如果 $K=5$,圆点最近的 5 个邻居是 2 个三角形和 3 个小正方形,还是少数从属于多数,基于统计的方法,判定这个待分类点,属于小正方形一类。

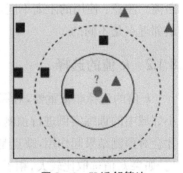

图 8-1 K 近邻算法

最近邻方法(k-nearest neighbor,KNN)是一种简洁而有效的非参数分类方法,是最简单的机器学习算法之一,用于解决文本的分类问题。该方法的思路是:如果一个样本在特征空间中的 k 个最相似即特征空间中最邻近待分类点的样本中的大多数属于某一个类别,则该样本也属于这个类别。

在 KNN 算法中,所选择的邻居都是有已经正确分类的对象,该方法在分类决策上只依据最邻近的一个或者几个样本的类别来决定待分样本所属的类别。KNN 算法并不具有显式的学习过程,当 $k=1$ 时,为最近邻搜索。KNN 算法的特点是:① 基于实例之间距离和投票表决的分类;② 精度高、对异常值不太敏感;③ 计算复杂度高、空间复杂度高;④ 特别适合多分类;⑤ 简单易实现;⑥ 大多数情况下,比朴素贝叶斯和中心向量法的效果好;⑦ 给定训练集、距离度量、k 值及分类决策函数时,其结果唯一确定。

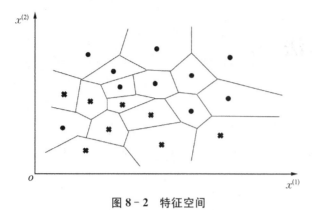

图 8-2 特征空间

在 K 近邻算法中,当训练集、距离度量、k 值及分类决策规则确定后,对于任何一个输入实例,它所属的类唯一确定。在特征空间中,对于每个训练实例点,距离该点比其他点更近的所有点组成了一个区域,叫单元(cell)。每个训练实例点拥有一个单元,所有训练实例点的单元构成对特征空间的一个划分(见图 8-2)。

设特征空间是 n 维实数向量 $\boldsymbol{R}^n$,x_i,$x_j \in \boldsymbol{R}^n$:

$$x_i = (x_i^{(1)}, x_i^{(2)}, \cdots, x_i^{(n)}), \quad x_j = (x_j^{(1)}, x_j^{(2)}, \cdots, x_j^{(n)})$$

x_i,x_j 的一般距离定义为闵氏距离

$$L_P = \left(\sum_{l=1}^{n} | x_i^{(l)} - x_j^{(l)} |^P \right)^{\frac{1}{P}} \tag{8-1}$$

当 $p=2$ 时,为欧几里得距离;当 $p=1$ 时,为曼哈顿距离;当 $p=+\infty$ 时,为切比雪夫距离。注意:使用的距离不同,k 近邻的结果也会不同的,即由不同的距离度量所确定的最邻近点是不同的。

8.1.2　k 值的选择

k 值的选择非常重要,对算法结果产生重要影响。如果选择比较小的话,相当于用较小邻域中的训练实例进行预测,学习的近似误差会减少,只有与输入实例较近的训练实例才会对预测结果起作用,缺点是学习的估计误差会增大,易受噪声影响,极端情况是 $k=1$。如果 k 值选取比较大,相当于用较大邻域中的训练实例进行预测,学习的估计误差会减少,但是近似误差会增大,而且与输入实例较远的训练实例也会对预测起作用,使预测结果错误,k 值的增大意味着整体模型变得简单。因为划分的区域少了,更容易进行预测结果。极端情况是 $k=N$,在应用中 k 一般取一个比较小的值,通常采用交叉验证法来选取最优的 k 值。

8.1.3　分类决策规则

k 近邻法的分类决策规则往往是多数表决,即由输入实例的 k 个近邻训练实例多数所属的类来决定。如果损失函数为 0-1 损失,则分类函数表示为

$$f = I(c=y): \boldsymbol{R}^N \rightarrow \{c_1, c_2, c_3, \cdots, c_K\} \tag{8-2}$$

误分类的概率为

$$P(Y \neq f(X)) = 1 - P(Y = f(X)) \tag{8-3}$$

实例 x，最近邻居集合 $N_k(x)$，如果涵盖类别为 c_j，误分类率为

$$\frac{1}{k} \sum_{x_i \in N_k(x)} I(y_i \neq c_j) = 1 - \frac{1}{k} \sum_{x_i \in N_k(x)} I(y_i = c_j) \tag{8-4}$$

8.1.4　KNN 算法描述

输入：训练数据集 $T = \{(x_i, y_i), i = 1, 2, \cdots, N\}$，$x_i \in R^n$ 为实例的特征向量，$y_i \in \{c_i, i = 1, 2, \cdots, K\}$，实例向量为 x。

输出：实例 x 所属的类别 y，根据给定的距离度量，在训练集 T 中找出与 x 最近的 k 个点，涵盖 k 个点的 x 的邻域记作 $N_k(x)$。

在 $N_k(x)$ 中根据分类决策规则（如多数表决）决定 x 所属的类别 y。

$$y = \arg \max \sum_{x_i \in N_k(x)} I(y_i = c_j), \ i = 1, 2, \cdots, N; \ j = 1, 2, \cdots, K \tag{8-5}$$

8.1.5　K 近邻算法的实现——KD 树

KD 树是 K-dimension tree 的缩写，是对数据点在 k 维空间中划分的一种数据结构，主要应用于多维空间关键数据的搜索（如范围搜索和最近邻搜索）。本质上说，KD-树就是一种平衡二叉树：① 范围查询就是给定查询点和查询距离的阈值，从数据集中找出所有与查询点距离小于阈值的数；② K 近邻查询是给定查询点及正整数 K，从数据集中找到距离查询点最近的 K 个数据。

KD 树是一种空间划分树，即把整个空间划分为特定的几个部分，然后在特定空间内进行相关搜索操作。

构建 KD 树的方法具体如下。

（1）输入：k 维空间数据集　$x^T = \{x_1, x_2, \cdots, x_N\}$，其中，

$$x_i = (x_i^{(1)}, x_i^{(2)}, \cdots, x_i^{(k)}), \ i = 1, 2, \cdots, N \tag{8-6}$$

（2）输出：KD 树。

（3）构造根节点，根节点对应于包含 T 的 k 维空间的超矩形区域。split 策略，计算 split 所对应的维度（坐标轴）x，以所有实例的 x 坐标内的中位数作为切分点，将根节点对应的超矩形区域垂直切分成两个子区域。

由根节点生成深度为 1 的左右两个节点，左子节点对应坐标 x 小于切分点的子区域，右子节点对应坐标 x 大于切分点的子区域。将落在切分超平面上的实例点保存于根节点。

（4）构造其他节点，对深度为 j 的节点，split 策略，计算 split 所对应的维度（坐标轴）x，以所有实例的 x 坐标内的中位数作为切分点，将该节点对应的超矩形区域垂直切分成两个子区域。由该节点生成深度为 $j+1$ 的左右两个节点，左子节点对应坐标 x 小于切分点的子区域，右子节点对应坐标 x 大于切分点的子区域。将落在切分超平面上的实例点

保存于该节点直到两个子区域没有实例时停止,从而形成 KD 树的区域划分。

8.1.6 KNN 优缺点

1. 优点

(1) 原理简单,实现起来比较方便。

(2) 支持增量学习。

(3) 能对超多边形的复杂决策空间建模。

2. 缺点

(1) 样本的不均衡可能造成结果错误,如果一个类的样本容量很大,而其他类样本容量很小时,有可能导致当输入一个新样本时,该样本的 K 个邻居中大容量类的样本占多数。

(2) 计算量较大,需要有效的存储技术和并行硬件的支撑,因为对每一个待分类的文本都要计算它到全体已知样本的距离,才能求得它的 K 个最近邻点。

8.2 KNN 的改进

针对上述 KNN 算法的几个主要缺陷,主要有以下三类改进方法。

(1) 为了降低样本的不均衡对结果造成的不好影响可以采用权值的方法(和该样本距离小的邻居权值大)来改进。

(2) 对于计算量大的问题目前常用的解决方法是事先对已知样本点进行剪辑,事先去除对分类作用不大的样本。这样可以挑选出对分类计算有效的样本,使样本总数合理地减少,以同时达到减少计算量,又减少存储量的双重效果。该算法比较适用于样本容量比较大的类域的自动分类,而那些样本容量较小的类域采用这种算法比较容易产生误分。

(3) 对样本进行组织与整理,分群分层,尽可能将计算压缩到在接近测试样本领域的小范围内,避免盲目地与训练样本集中的每个样本进行距离计算。

8.2.1 快速搜索近邻法

快速搜索近邻法的基本思想是将样本集按邻近关系分解成组,给出每组的质心所在,以及组内样本至该质心的最大距离。这些组又可形成层次结构,即组又分子组,因而待识别样本可将搜索近邻的范围从某一大组逐渐深入到其中的子组,直至树的叶结点所代表的组,确定其相邻关系。这种方法着眼于只解决减少计算量,但没有达到减少存储量的要求。快速搜索近邻法如图 8-3 所示。

用树结构表示样本分级:① p,树中的一个结点,对应一个样本子集 K_p;② N_p,K_p 中的样本数;③ M_p,K_p 中的样本均值;④ r_p,从 K_p 中任一样本到 M_p 的最大距离。

判断某未知样本 x 的最近邻是否在某个节点的子集上,快速搜索近邻法有两个规则:① 若满足:$D(x_i, M_p) > B + r_p$,则 $x_i \in K_p$ 不可能是 x 的最近邻。其中,B 是 K_p 中当

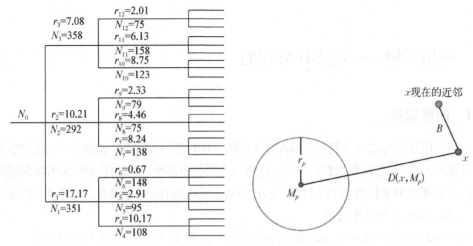

图 8 - 3　快速搜索近邻法

前搜索到的样本到待识样本 x 的最近距离,该值在算法初始时置为 ∞。 ② 若满足:
$D(x,M_p) > B + D(x_i,M_p)$,则 $x_i \in K_p$ 不可能是 x 的最近邻。

8.2.2　剪辑近邻法

剪辑近邻法的基本思想是利用现有样本集对其自身进行剪辑,将不同类别交界处的样本以适当方式筛选,可以实现既减少样本数又提高正确识别率的双重目的。

剪辑的过程是将样本集 K^N 分成两个互相独立的子集:test 集 K^T 和 reference 集 K^R。对 K^T 中每一个 X_i 在 K^R 中找到其最近邻的样本 $Y_i(X_i)$,如果 Y_i 与 X_i 不属于同一类别,则将 X_i 从 K^T 中删除,最后得到一个剪辑的样本集 K^{TE}(剪辑样本集)以取代原样本集,对待识别样本进行分类。

8.2.3　压缩近邻法

利用现有样本集,逐渐生成一个新的样本集,使该样本集在保留最少量样本的条件下,仍能对原有样本的全部用最近邻法正确分类,该样本集也就能对待识别样本进行分类,并保持正常识别率。

定义两个存储器,一个用来存放即将生成的样本集,称为 Store;另一存储器则存放原样本集,称为 Grabbag。其算法如下。

(1) 初始化。Store 是空集,原样本集存入 Grabbag;从 Grabbag 中任意选择一样本放入 Store 中作为新样本集的第一个样本。

(2) 样本集生成。在 Grabbag 中取出第 i 个样本用 Store 中的当前样本集按最近邻法分类。若分类错误,则将该样本从 Grabbag 转入 Store 中;若分类正确,则将该样本放回 Grabbag 中。

(3) 结束过程。若 Grabbag 中所有样本在执行第二步时没有发生转入 Store 的现象,或 Grabbag 已成空集,则算法终止,否则转入第二步。

8.3 应用举例——电影评分预测

8.3.1 问题描述

以电影评分为例,如果我们想预测名为 A 的用户对电影 M 的评分。根据 KNN 的思想,我们就可以找出 K 个对电影 M 已做出评分的,且与 A 在其他电影给予相似评分的用户,再利用这 K 个用户对 M 的评分来预测 A 对 M 的评分,这种基于用户相似度方法被称为基于用户的 KNN。

1. Movielens 数据集说明

(1) 获取地址:https://pan.baidu.com/s/1XeAhVn4i3_ZaLUJyOmCELA。

(2) 选择 100 KB、1 MB、10 MB 下载。

(3) u.data 文件:包含了 943 个用户对于 1 682 部电影的总计 10 万条评分,每条数据按照用户 ID、电影 ID、评分、时间戳表示,主要使用前三个变量。

(4) u.item 文件:记录每部电影的信息。数据按照电影 ID、电影名称、上映时间、视频发布时间、网址、是否为某类型的二分变量(如是否为动作片、冒险片)等分类,这可用来探究电影相似性。

(5) u.user 文件:包含用户 ID、年龄、性别、职业、邮编,这可用来探究用户相似性。

2. 整体思路

目的是预测某位用户(记为 U_0)对某部电影(记为 M_0)的评分。

具体步骤:选择用户 U_0 已经评分过的 n 部电影,并获取电影 ID,记为 $M_1 - M_n$;找出对电影 M_0 评分过的 m 个用户,并获取用户 ID,记为 $U_1 - U_m$;利用上面的三组 ID,构造训练集和测试集,如图 8-4 所示。将相应训练集和测试集放入 KNN 函数,即可预测出 U_0 对 M_0 的评分。

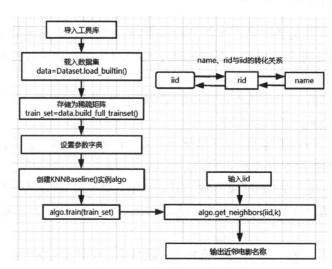

图 8-4 构建训练集和测试集

8.3.2　模型设计

本实验环境为基于 Python 3.6 的 pandas 和 numpy，GPU 为 NVIDIA GTX 1070，CPU 为 Intel i7 - 7700HQ。

　　K 近邻算法是分类算法中最简单的一种，用来计算特征的相似性。以电影评分系统为例，每个电影都会有一个评分向量，每部电影也都有一个类标签—动作、爱情等。通过 KNN 算法可以计算出不同电影之间的评分向量的距离，以此来判断不同电影间的相似性，当有一部新电影进来时，就可以将其归为最相似电影所属的那一类。抽象为图 8 - 1 所示的判断"?"属于哪个类标签。首先找离它最近的 k 个类标签，然后看这 k 个类标签中哪个类别出现的频率最高，根据少数服从多数的原则，"?"就属于那个类别。当 K 取4时，离其最近的 4 个标签是一个蓝方块，一个绿圆和两个红三角，这 4 个类别中红三角出现频率最高，那么"?"就应该属于红三角类别。同理，K 若取 5，"?"应属于蓝色方块类别。由此可见，不同的 K 值，会有不同的结果，我们要谨慎选择 K 值，可以通过交叉验证选择效果最好的 K 值。

8.3.3　代码实现

1) 导入所需要的函数库

```
import os
import io
from surprise import Dataset
from surprise import KNNBaseline
```

2) 获取数据与数据处理

```
data = Dataset.load_builtin('ml- 100k')
train_set = data.build_full_trainset()
sim_options = {'name': 'pearson_baseline', 'user_based': False}
```

3) 创建 KNNBaseline 实例，给实例 feed 数据，并构建 rid_name 字典

```
algo = KNNBaseline(sim_options= sim_options)
algo.fit(train_set)
def rid_name_dic():
    file_name = os.path.expanduser('~ ' +
                '/.surprise_data/ml-100k/ml-100k/u.item')
    rid_name_dic = {}
    name_rid_dic = {}
```

```
with io.open(file_name, 'r', encoding= 'ISO-8859-1') as f:
    for line in f:
        line = line.split('|')
        rid_name_dic[line[0]] = line[1]
        name_rid_dic[line[1]] = line[0]
    return rid_name_dic, name_rid_dic
film_name = 'Toy Story (1995)'
```

4）name 转化为 iid，作为算法输入

```
rid_name_dic, name_rid_dic = rid_name_dic()
film_rid = name_rid_dic[film_name]
film_iid = algo.trainset.to_inner_iid(film_rid)
```

5）inner_id 参数 k 设置近邻数 k，并返回近邻的 iid，将近邻的 iid 转化为 film_name

```
film_neighbors = algo.get_neighbors(film_iid, k= 10)
rid_list = (algo.trainset.to_raw_iid(inner_id) for inner_id in film_neighbors)
name_list = (rid_name_dic[rid] for rid in rid_list)
print('Toy Story (1995) 相近的十个电影是: ')
for film_name in name_list:
    print(film_name)
```

8.3.4 结果分析

预测结果如图 8-5 所示。

```
Toy Story (1995) 相近的十个电影是:
Beauty and the Beast (1991)
Raiders of the Lost Ark (1981)
That Thing You Do! (1996)
Lion King, The (1994)
Craft, The (1996)
Liar Liar (1997)
Aladdin (1992)
Cool Hand Luke (1967)
Winnie the Pooh and the Blustery Day (1968)
Indiana Jones and the Last Crusade (1989)
```

图 8-5 预测结果

8.4 本章小结

本章主要介绍了 K 近邻算法的基础与发展，详细介绍了其算法原理以及 K 近邻算法的实现——KD 树，同时介绍了该算法的 3 种改进算法，最后通过一个具体的案例展示了 K 近邻算法的使用过程。

第9章 支持向量机

9.1 概述

支持向量机(support vector machine，SVM)是一类按监督学习(supervised learning)方式对数据进行二元分类的广义线性分类器(generalized linear classifier)，其决策边界是对学习样本求解的最大边距超平面(maximum-margin hyperplane)。

SVM 由 Vapnik 等人提出的一种基于统计学习理论的机器学习算法。其基本思想是通过寻找一个最优超平面作为分类边界，使其能够正确地划分两类数据，并保证分类间隔最大。

支持向量机一般用于解决二分类问题，即给定数据集 $D=\{(x_1,y_1),(x_2,y_2),\cdots,(x_m,y_m)\}$，其中，$x_i$ 表示样本数据，y_i 表示实际分类，$f(x_i)$ 表示对样本 x_i 的分类预测(即 f 为支持向量 m 所代表的一个函数)。如图9-1所示，每个样本点都是一个二维向量 $x=(x_1,x_2)$；支持向量是指距离划分线最近的几个向量(训练样本点)；SVM 训练过程就是找到一个可以分开数据集的决策边界，对于线性可分数据，如果是二维数据，决策边界就是一条直线；如果是三维数据，

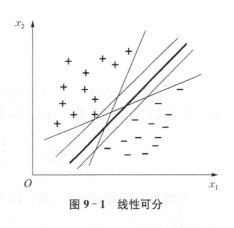

图 9-1 线性可分

决策边界就是一个平面；如果是 n 维数据，决策边界就是 $(n-1)$ 维平面，可以统称为超平面。

有限维空间的 SVM 理论发展较快，无限维空间的 SVM 理论还需深入研究和推广；针对 SVM 理论中优化问题的特点，如何建立简单、有效、实用的算法是迫切需要解决的问题。将神经网络与模糊逻辑等领域已有的研究方法和思想与 SVM 理论相结合，提出新的方法；训练样本中数据含有不确定性以及噪声时的 SVM 理论性能，即 SVM 理论的鲁棒性问题是值得研究的重点课题。进一步拓展 SVM 的应用领域，特别是 SVM 在控制中的应用需要重点研究。

9.2　基本算法

SVM 目标是找到一个超平面,使得它能够尽可能多地将两类数据点正确分开,同时使分开的两类数据点距离分类面最远。其解决方法是构造一个在约束条件下的优化问题,具体而言是一个约束二次规划问题(constrained quadratic programing),求解该问题,得到分类器。

9.2.1　线性可分的支持向量机

设有两类样本的训练集

$$D = \{(x_1,\ y_1),(x_2,\ y_2),\ \cdots,\ (x_n,\ y_n)\}$$

其中,$x_i \in \mathbf{X} \subset \mathbf{R}^m$,$y_i \in \{-1, 1\}$,$i=1, 2, \cdots, n$。线性可分意味着存在超平面使训练点中的正类和负类样本分别位于超平面的两侧,即

$$(w \cdot x) + b = 0$$

如果能确定这样的参数对(w, b),就可以构造决策函数来进行识别样本。

$$y(x) = \mathrm{sgn}((w \cdot x) + b)$$
$$y(x_i) = +1,\ x_i \text{ 为正例}$$
$$y(x_i) = -1,\ x_i \text{ 为负例}$$
$$y(x_i) \cdot y_i > 0$$

选择使得训练集 D 对于线性函数 $(w \cdot x) + b$ 的几何间隔取最大值的参数对 (w, b),并由此构造决策函数。目标函数如下,表示点到直线距离尽可能大。

$$\arg \max_{w,\ b} \left\{ \frac{1}{\|w\|} \min_i [y_i(w \cdot x_i + b)] \right\} \tag{9-1}$$

在规范化下,超平面的几何间隔为 $\dfrac{1}{\|w\|}$,于是找最大几何间隔的超平面表述成如下的最优问题。

$$\min_{w,\ b} \frac{1}{2} \|w\|^2 \tag{9-2}$$
$$\text{s.t.}\quad y_i(w \cdot x_i + b) \geqslant 1,\ i=1, 2, \cdots, n$$

为求解最优问题,使用 Lagrange 乘子法将其转化为对偶问题,于是引入 Lagrange 函数

$$L(w,\ b,\ \alpha) = \frac{1}{2} \|w\|^2 - \sum_{i=1}^{n} \alpha_i (y_i((w \cdot x_i) + b) - 1) \tag{9-3}$$

其中，$\alpha = (\alpha_1, \alpha_2, \cdots, \alpha_n)^T \in \mathbf{R}_+^n$，称为 Lagrange 乘子。

原问题是极小极大值问题 $\min\limits_{w, b} \max\limits_{\alpha} L(w, b, \alpha)$，原问题的对偶问题是极大极小问题 $\max\limits_{\alpha} \min\limits_{w, b} L(w, b, \alpha)$。

求 Lagrange 函数对于 w, b 的极小值。由极值条件 $\nabla_b L(w, b, \alpha) = 0$、$\nabla_w L(w, b, \alpha) = 0$，

得到

$$\sum_{i=1}^{n} y_i \alpha_i = 0 \tag{9-4}$$

$$w - \sum_{i=1}^{n} y_i \alpha_i x_i = 0 \tag{9-5}$$

将式(9-4)代入 Lagrange 函数，并利用式(9-5)得到

$$L(w, b, \alpha) = \frac{1}{2} \| w \|^2 - \sum_{i=1}^{n} \alpha_i (y_i((w \cdot x_i) + b) - 1)$$

$$= \sum_{j=1}^{n} \alpha_j - \frac{1}{2} \sum_{i=1}^{n} \sum_{j=1}^{n} y_i y_j \alpha_i \alpha_j (x_i \cdot x_j)$$

原始的优化问题转化为对偶问题(使用极小式)，继续求 $\min\limits_{w, b} L(w, b, \alpha)$ 的极大。整理目标函数，添加符号

$$\min_{\alpha} \frac{1}{2} \sum_{i=1}^{n} \sum_{j=1}^{n} y_i y_j \alpha_i \alpha_j (x_i \cdot x_j) - \sum_{j=1}^{n} \alpha_j$$
$$\text{s.t.} \sum_{i=1}^{n} y_i \alpha_i = 0, \tag{9-6}$$
$$\alpha_i \geqslant 0, i = 1, \cdots, n$$

求解对偶问题式(9-6)，得 α^*。则参数 (w, b) 可由下式计算。

$$w^* = \sum_{i=1}^{n} \alpha_i^* y_i x_i$$

$$b^* = -\left(w^* \cdot \sum_{i=1}^{n} \alpha_i^* x_i \right) \Big/ \left(\sum_{i=1}^{n} \alpha_i^* \right)$$

得到决策函数

$$f(x) = \text{sgn}\left(\sum_{i=1}^{n} \alpha_i^* y_i (x \cdot x_i) + b^* \right)$$

称训练集 D 中的样本 $\boldsymbol{x}_i$ 为支持向量，如果它对应的 $\alpha_i^* > 0$，根据原始最优问题的 KKT 条件，有

$$\alpha_i^* (y_i((w^* \cdot \boldsymbol{x}_i) + b^*) - 1) = 0$$

说明支持向量正好在间隔边界上。

9.2.2　非线性支持向量机

对于训练集 D，不存在这样的超平面，使训练集关于该超平面的几何间隔取正值。如果要使用超平面来划分的话，必然有错分的点。此时应"软化"对间隔的要求，即容许不满足约束条件的样本点存在。为此，引入松弛变量 $\xi_i \geqslant 0$，并"软化"约束条件。

$$y_i((w \cdot x_i + b)) \geqslant 1 - \xi_i, \quad i = 1, 2, \cdots, n$$

为了避免 ξ_i 取太大的值，需要在目标函数中对它们进行惩罚。于是原始优化问题变为

$$
\begin{aligned}
&\min_{w, b, \xi} \frac{1}{2} \|w\|^2 + C \sum_{i=1}^{n} \xi_i \\
&\text{s.t.} \quad y_i((w \cdot x_i + b)) \geqslant 1 - \xi_i, \quad i = 1, \cdots, n \\
&\xi_i \geqslant 0, \quad i = 1, \cdots, n
\end{aligned}
\tag{9-7}
$$

其中，$C > 0$ 称为惩罚因子，引入 Lagrange 函数

$$L(w, b, \xi, \alpha, \gamma) = \frac{1}{2} \|w\|^2 + C \sum_{i=1}^{n} \xi_i - \sum_{i=1}^{n} \alpha_i(y_i((w \cdot x_i) + b) -$$

$$1 + \xi_i) - \sum_{i=1}^{n} \gamma_i \xi_i$$

对 w, b, ξ 求偏导

$$w - \sum_{i=1}^{n} y_i \alpha_i x_i = 0$$

$$\sum_{i=1}^{n} y_i \alpha_i = 0$$

$$C - \alpha_i - \xi_i = 0$$

得到对偶问题

$$
\begin{aligned}
&\min_{\alpha} \frac{1}{2} \sum_{i=1}^{n} \sum_{j=1}^{n} y_i y_j \alpha_i \alpha_j (x_i \cdot x_j) - \sum_{j=1}^{n} \alpha_j \\
&\text{s.t.} \quad \sum_{i=0}^{n} y_i \alpha_i = 0, \\
&0 \leqslant \alpha_i \leqslant C, \quad i = 1, 2, \cdots, n
\end{aligned}
\tag{9-8}
$$

求解对偶问题，即式(9-8)，可得到决策函数为

$$f(x) = \mathrm{sgn}\left(\sum_{i=1}^{n} \alpha_i^* y_i (x \cdot x_i) + b^* \right)$$

支持向量的性质：① 界内支持向量一定位于间隔边界上的正确划分区；② 支持向量不会出现在间隔以外的正确划分区；③ 非支持向量一定位于带间隔的正确划分区。

9.2.3 支持向量机核函数

如果使用某些非线性的方法，可以得到将两个类完美划分的曲线，比如核函数。我们可以让空间从原本的线性空间变成一个更高维的空间，在这个高维的线性空间下，再用一个超平面进行划分。举例来理解如何利用空间的维度变得更高来帮助我们分类。

图 9-2 是一个典型的线性不可分的情况。

下面通过核技术来处理。引入一个非线性映射 ϕ 把输入空间映射到一个高维的 Hilbert 空间 H，使数据在 H 中是线性可分或线性不可分。

$$\phi: X \subset R^m \to Z \subset H$$

$$x \to Z \subset \phi(x)$$

在核映射下，D 对应于 Hilbert 空间 H 的训练集为

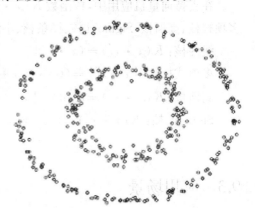

图 9-2 线性不可分图

$$D' = \{(z_1, y_1), \cdots, (z_n, y_n)\} = \{(\phi(x_1), y_1), \cdots, (\phi(x_n), y_n)\}$$

于是在 Hilbert 空间 H 中寻找使几何间隔最大的超平面。

其原始优化问题为

$$\min_{w, b, \xi} \frac{1}{2} \| w \|^2 + C \sum_{i=1}^{n} \xi_i \tag{9-9}$$

$$\text{s.t.} \quad y_i((w \cdot z_i + b)) \geqslant 1 - \xi_i, \ i = 1, 2, \cdots, n$$

$$\xi_i \geqslant 0, \ i = 1, 2, \cdots, n$$

式(9-9)的对偶问题

$$\min_{\alpha} \frac{1}{2} \sum_{i=1}^{n} \sum_{j=1}^{n} y_i y_j \alpha_i \alpha_j K(x_i x_j) - \sum_{j=1}^{n} \alpha_j \tag{9-10}$$

$$\text{s.t.} \quad \sum_{i=0}^{n} y_i \alpha_i = 0,$$

$$0 \leqslant \alpha_i \leqslant C, \ i = 1, 2, \cdots, n$$

求解式(9-10)的对偶问题，可得决策函数

$$f(x) = \text{sgn}\left(\sum_{i=1}^{n} \alpha_i^* y_i K(x \cdot x_i) + b^* \right) \tag{9-11}$$

选取的一个正分量 $0 < \alpha_j^* < C$，计算 $b^* = y_j - \sum_{i=1}^{n} \alpha_i^* y_i K(x_i \cdot x_j)$。

式(9-11)中的 $K(x \cdot x')$ 被称为核函数。有

$$K(x \cdot x') = (\phi(x) \cdot \phi(x'))$$

核函数 $K(x \cdot x')$ 仅依赖于 ϕ 的内积，要求满足 Mercer 条件。若 K 是正定核的话，式(9-10)是凸二次规划，必有解。

在支持向量机应用中，核函数 $K(x \cdot x')$ 一般先验性地选取。常见的核有：线性核、多项式核、高斯核、Sigmoid 核、样条核、小波核等。

线性核：$K(x \cdot x') = (x \cdot x')$

多项式核：$K(x \cdot x') = ((x \cdot x') + c)^d$

高斯核：$K(x \cdot x') = \exp(- \| x - x' \|^2 / \sigma^2)$

Sigmoid 核：$K(x \cdot x') = \tanh(k(x \cdot x') + v)$

9.3 应用场景

9.3.1 识别手写阿拉伯数字

手写数字识别是 SVM 的一个典型应用。手写数字识别，显然是一个多分类问题，相关专家学者在研究二分类问题的 SVM 前提下，形成了能够处理多类问题的相关 SVM，其中主要核函数就是 sigmoid 核函数、径向基核函数、多项式核函数，不但可以支持其他分类和支持向量机的比较，还能够支持不同形式的 SVM 比较。经过大量实践可以发现，相关 SVM 存在很大优势。

9.3.2 检测人脸

相关学者和专家经过不断研究和分析以后形成以层次结构形式的支持向量机分类器，由一个非线性和线性支持向量机构成，这种方式不但具备比较低的误差率和比较高的检测率，还具有比较快的速度。此后，人们利用 SVM 方式来有效判断人脸姿态，并且合理分为 6 个类别。手工标定方式在多姿态人脸库中用于发现测试样本和训练样本集，在 SVM 基础上发展起来的训练集姿态分类器，可以降低到 1.67% 的错误率。在支持向量机和小波技术上形成的识别人脸技术，压缩提取人脸特征的时候应用小波技术，然后结合支持向量机技术和邻近分类器进行分类，确保具备比较好的鲁棒性能和分类性能。

9.3.3 文本分类

文本分类主要就是在一定的分类体系中，依据文本相关类别和实际内容进行分类。

基于 SVM 的文本自动分类是一种十分重要的自然语言处理技术,在邮件分类、过滤信息、自动文摘、检索信息方面具有广泛的应用前景。利用支持向量机进行文本分类被认为是文本分类中效果较为优秀的一种方法,该方法解决了以往文本分类需要大量样本的问题,它只需要将一定数量的文本通过计算抽象成向量化的训练文本数据,就可以到达较高的分类准确率。

9.3.4　其他应用

支持向量机具有较好的算法性能,已经得到大量应用。专家学者提出了支持向量机基础上的水印算法,在数字水印中合理应用支持向量机,应用效果良好。并且入侵监测系统已经成为十分重要的网络安全技术之一,在分析入侵检测系统的时候,主要应用的就是 SVM 基础上的主动学习算法,可以在一定程度上降低学习样本,能够增加入侵监测系统整体分类性能。在处理图像的模糊噪声时,依据 SVM 模糊推理方式形成一种噪声检测系统。能够合理除去检测中的噪声,适当保存图像相关信息。在分析混合气体多维光谱的时候应用支持向量机,依据核函数有效把重叠光谱数据变为支持向量机回归模型,可以定量分析混合气体的组分浓度以及定性分析种类。

9.4　应用举例——海流流速预测

9.4.1　问题描述

以 2008 年南太平洋海域海洋流速、经纬度、深度为输入参数,利用支持向量机,构建了南太平洋海洋流速空间模型。

数据来源:实验数据来自 SODA 网站的南太平洋区域的纬向流速。数据是按照 $1° \times 1°$ 的分辨率采集了 2008 年 1 月到 2008 年 12 月的数据,去除空值后总共 1 932 000 条数据。每天的数据包含时间索引、经度、纬度、深度特征和流速。

(http://iridl.ldeo.columbia.edu /SOURCES /. CARTON-GIESE /. SODA /.v2p2p4 /)

9.4.2　模型实现

本实验环境为基于 Python 3.6 的 pandas、numpy、matplotlib 和 sklearn,GPU 为 NVIDIA GTX 1070,CPU 为 Intel i7 - 7700HQ。

首先,使用南太平洋区域的数据作为构建 SVR 海洋流速模型的数据来源,根据不同月份训练不同的模型;其次,通过交叉验证和网格搜索的方法对模型参数进行优化,根据优化后的参数确定 SVR 模型;最后,根据 SVR 模型对海洋流速进行预测。

9.4.3 代码实现

1）导入所需要的函数库

```
import pandas as pd
import matplotlib.pylab as plt
from matplotlib.pylab import style
from sklearn.model_selection import train_test_split
from sklearn.preprocessing import StandardScaler
from sklearn.svm import SVR
from sklearn.metrics import  mean_squared_error, mean_absolute_error
import numpy as np
from sklearn.model_selection import GridSearchCV
style.use('ggplot')
plt.rcParams['font.sans- serif'] = ['SimHei']
plt.rcParams['axes.unicode_minus'] = False
```

2）读取数据

```
def readFile(filename):
    stockFile = filename
    stock = pd.read_csv(stockFile, index_col = 0, parse_dates = [0])
    stock.columns = ["depth","lat","lon","u m/s"]
    return stock
```

3）去除空值

```
def deletenan(stock):
    df2 = stock.loc[stock["u m/s"] = =  "- - "]
    df2["u m/s"] = np.nan
    stock.loc[stock["u m/s"] = =  "- - "] = df2
    stock = stock.dropna(axis= 0, how= 'any')
    return stock
```

4）选择某一个月分割训练数据、测试数据

```
def month_split(stock_m):
    # 确定特征和标签
    stock_x = stock_m[["depth", 'lat', 'lon']]
    stock_y = stock_m['u m/s']
    # 分割数据集
    stock_m['u m/s'] = stock_m['u m/s'].astype('float')
    x_train, x_test, y_train, y_test = train_test_split(stock_x, stock_y, test_
size = 0.25, random_state= 33)
    # 训练数据和测试数据进行标准化处理
    ss_x = StandardScaler()
    x_train = ss_x.fit_transform(x_train)
    x_test = ss_x.transform(x_test)
    print("分割数据完成")
    return stock_x, stock_y, ss_x, x_train, x_test, y_train, y_test
```

5）SVR 网格搜索查优

```
def SVR_searcher(x, y):
    regr_rbf = SVR(kernel = "rbf")
    C = [4096, 2048, 1024,10, 1]
    gamma = [4,2,1,0.5,0.1,0.01,0.001]
    epsilon = [0.1, 0.01]
    parameters = {"C": C, "gamma": gamma, "epsilon": epsilon}

    gs = GridSearchCV(regr_rbf, parameters, scoring = "r2")
    gs.fit(x, y)

    print("SVR 网格搜索查优完成, {}".format(gs.best_params_))
    return gs.best_params_
```

6）支持向量机模型进行学习和预测

```
def SVR_predict(x_train, y_train,x_test,y_test):
    # 获取最佳参数
    SVR_params = SVR_searcher(x_train,y_train)
    print("最佳参数: ")
    print(SVR_params)

    # 线性核函数配置支持向量机
    rbf_svr = SVR(C = SVR_params['C'], cache_size = 200, coef0 = 0.0, degree = 3,
epsilon = SVR_params ['epsilon'], gamma = SVR_params['gamma'], kernel = 'rbf', max
_iter = - 1, shrinking = True, tol = 0.001, verbose = False)
    # 训练
    rbf_svr.fit(x_train, y_train)
    # 预测
    y_predict = rbf_svr.predict(x_test)

    print("SVR 预测完成")
    return y_predict, y_test
```

7）模型评估

```
def error(y_test, rbf_svr_y_predict):
    MSE = mean_squared_error(y_test,rbf_svr_y_predict)
    MAE = mean_absolute_error(y_test,rbf_svr_y_predict)

    return MSE,MAE
```

8）主函数运行

```
if __ name __ = = '__ main __':
    # 1 读取数据
    stock = readFile('data /ZONALVertical_2008 __ 5 -5000m.csv')
```

```
# 2 处理数据(去除空值)
stock = deletenan(stock)

# 3 分割数据(选择某一个月)
stock_x, stock_y, ss_x, x_train, x_test, y_train, y_test = month_split(stock
["2008-06"])

# 4 支持向量机预测,模型评估
y_predict, y_test = SVR_predict(x_train, y_train, x_test, y_test)

# print(y_predict.head())
# print(y_test.head())

SVR_MSE, SVR_MAE = error(y_test, y_predict)
print("SVR_MSE: {}".format(SVR_MSE))
print("SVR_MAE: {}".format(SVR_MAE))
```

结果

```
SVR网格搜索查优完成: {Best Estimator: SVR(C = 1000, cache_size = 200, coef0 = 0.0,
degree = 3, epsilon = 0.01, gamma = 0.005, kernel = 'rbf', max_iter = - 1,
shrinking = True, tol = 0.001, verbose = False)
}
MSE: 0.004340279937799745
MAE: 0.03717620720443721
```

9.5　本章小结

　　本章主要介绍了支持向量机的基础与前沿进展,详细介绍了线性可分支持向量机、非线性支持向量机和支持向量机核函数的基本算法,并且介绍了支持向量机在识别、分类和预测等方面的应用。通过支持向量机对海洋流速进行预测的案例加强了对支持向量机的理解和认识。

第 *10* 章 决策树

YouTube 用户每分钟会上传 48 小时的新视频；2011 年全球电子邮件用户共计发出 2.04 亿封电子邮件；2012 年 Twitter 平均每天产生 3.4 亿条消息，而 Facebook 每天则有 40 亿的信息扩散；沃尔玛每小时从顾客交易获得数据为 100 万 GB，打印出来可装 2 000 万个文件柜；2008 年世界上访问量最大的网站 google，每天能处理的数据量高达 20PB。生活中很多地方都需要分类，各种分类技术的诞生为我们节省了大量的时间，决策树作为分类技术的一种，在零售、电子商务、金融、医疗卫生等方面有着广泛的运用；决策树方法是一种比较通用的分类函数逼近法，它是一种常用于预测模型的算法，通过将大量数据有目的分类，找到一些有潜在价值的信息。

10.1 概述

10.1.1 决策树概念

决策树(decision tree)是一个预测模型，它代表的是对象属性与对象值之间的一种映射关系。由于这种模型画成图形很像一棵树的枝干，故称决策树。决策树可以是二叉树或非二叉树，也可以把它看作是 if-else 规则的集合，也可以认为是在特征空间上的条件概率分布。决策树在机器学习模型领域的特殊之处，在于其信息表示的清晰度。决策树通过训练获得的"知识"，直接形成层次结构，很容易理解。决策树分为分类树和回归树，分类树适用于离散变量，而回归树适用于连续变量。

10.1.2 决策树的优缺点

1. 决策树的优点

(1) 决策树易于理解和实现，人们在学习过程中不需要使用者了解很多的背景知识，这同时是它能够直接体现数据的特点，只要通过解释后都有能力去理解决策树所表达的意义。

(2) 对于决策树，数据的准备往往是简单或者是不必要的，而且能够同时处理数据型和常规型属性,在相对短的时间内能够对大型数据源做出可行且效果良好的结果。

(3)易于通过静态测试来对模型进行评测,可以测定模型可信度。如果给定一个观察的模型,那么根据所产生的决策树很容易推出相应的逻辑表达式。

2. 决策树的缺点

(1)对连续性的字段比较难预测。

(2)对有时间顺序的数据,需要很多预处理的工作。

(3)当类别太多时,错误可能就会增加得比较快。

(4)一般算法分类的时候,只是根据一个字段来分类。

10.1.3 决策树的发展历程

决策树的起源是概念学习系统(concept learning system,CLS),CLS 是由 Hunt、Marin 和 Stone 为了研究人类概念模型于 1966 年提出的,该模型为很多决策树算法的发展奠定了很好的基础。1984 年,L.Breiman 等人提出了 CART 算法。1986 年,J.Ross Quinlan 提出了 ID3 算法。1993 年,J.Ross Quinlan 又提出了 C4.5 算法,克服了 ID3 算法的一些不足。1996 年,M.Mehta 和 R.Agrawal 等人提出了一种高速可伸缩的有监督的寻找学习分类方法 SLIQ。同年,J.Shafer 和 R.Agrawal 等人提出可伸缩并行归纳决策树分类方法。1998 年,R.Rastogi 等人提出一种将建树和修剪相结合的分类算法 PUBLIC。

10.1.4 前沿进展

S.Ruggieri 提出 C4.5 的改进算法(Efficient C4.5 算法)。

Walley、Abellán 和 Moral 将不精确概率理论应用到决策树的算法之中,并且都取得了较好的效果。

Polat 和 Gunes 提出了一种基于 C4.5 决策树分类器和一对多方法来提高多类别分类问题中分类精度的混合分类系统。

刘小虎博士和李生教授提出改进的递归信息增益优化算法,每当选择一个新的属性时,算法不仅仅是考虑该属性带来的信息增益,还需要考虑到该属性后选择的属性带来的信息增益,即同时考虑树的两层节点。

郭茂祖博士和刘杨教授针对 ID3 多值偏向的缺陷,提出了一种新的基于属性一值对为内节点的决策树归纳算法 AVPI,它所产生的决策树大小及测试速度均优于 ID3 算法。

杨宏伟博士和王熙照教授等用基于层次分解的方法通过产生多重决策树来处理多类问题。

阳东升博士等通过对组织协作网与决策树的描述分析提出了组织结构设计的新思路:基于决策个体在任务上的协作关系设计最佳的决策树。

张凤莲等人提出了一种基于广义相关函数的决策树构造新方法,其基于广义相关函数。

10.2 基本原理

10.2.1 决策树的构造流程

决策树是一种通过树形结构来进行分类的方法。一般情况下,决策树由决策节点、分支路径和叶子节点组成。决策节点就是决策树中每个非叶子节点,表示对分类目标在某个属性上的一个判断,每个分支代表基于该属性做出的一个判断,每个叶子节点代表一种分类结果,所以决策树可以看作是一系列以叶子节点为输出的决策规则。决策树通过有监督学习自动生成,即给出一组样本,每个样本都有一组属性和一个分类结果,那么利用 ID3、C4.5 和 C5.0 等生成算法,学习这些样本获得一棵决策树,该决策树能够对新的数据给出正确分类。下面给出一个例子来解释决策树的分类。为了能够通过头发和声音判断一位学生的性别,假设已统计出 10 位学生的相关特征,如表 10 - 1 所示。

表 10 - 1 学生相关特征统计表

序号	头发	声音	性别
1	长	粗	男
2	短	粗	男
3	短	粗	男
4	长	细	女
5	短	细	女
6	短	粗	女
7	长	细	女
8	长	粗	女
9	长	粗	男
10	长	细	女

通过观察,可以画出如图 10 - 1 所示的决策树。由此决策树可知:在判断学生性别时,先按照头发判断,若判断不出,再按照声音判断。

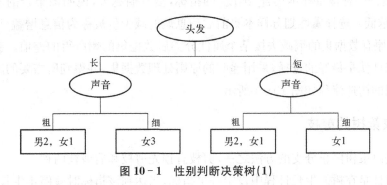

图 10 - 1 性别判断决策树(1)

当然,如果先考虑声音,再考虑头发,则得到一颗不同的决策树,如图 10 - 2 所示。

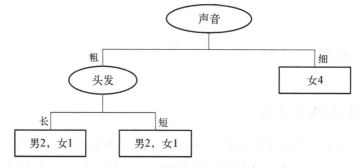

图 10 - 2　性别判断决策树(2)

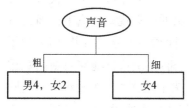

图 10 - 3　性别判断决策树(3)

如果仔细观察,可以发现图 10 - 2 决策树中有一些叶子节点是可以合并的,合并之后,到达某个节点时就不需要进行额外的决策,如图 10 - 3 所示。

从图 10 - 3 可以看出,这棵树只有 2 个叶子节点,少于图 10 - 1 和图 10 - 2 决策树中的叶子节点数。叶子节点越少,往往决策树的泛化能力越强,训练决策树的目标之一就是减少决策树的叶子节点。

决策树的构造流程一般包含以下三个部分:

(1)特征选择:从训练数据的众多特征中选择一个特征作为当前节点的分裂标准,如何选择特征有着很多不同量化评估标准,从而衍生出不同的决策树算法。

(2)决策树生成:根据选择的特征评估标准,从上至下递归地生成子节点,直到数据集不可分则停止决策树生长。

(3)剪枝:决策树容易过拟合,一般需要通过剪枝缩小树结构规模,缓解过拟合。剪枝技术有预剪枝和后剪枝两种。

构建决策树时,选择划分属性的顺序很重要,因为好的决策树随着划分不断进行,决策树分支节点样本集的“纯度”会越来越高,即其所包含的样本尽可能属于相同类别。如果能计算选择不同属性划分后样本集的“纯度”,那么就可以比较和选择属性。信息熵(entropy)就是一种衡量样本集合“纯度”的指标,信息熵越大,说明该集合的不确定性越大,“纯度”越低。选择属性划分样本集前后信息熵的减少量被称为信息增益(information gain),也即原有数据集的熵减去按某个属性分类后数据集的熵所得的差值。获得最大信息增益的属性就是最好的选择,采用递归的原则处理数据集,并得到所需要的决策树。

决策树的构造流程如图 10 - 4 所示。

10.2.2　决策树的剪枝

剪枝是决策树停止分支的方法之一,剪枝有预先剪枝和后剪枝两种。

预先剪枝是在树的生长过程中设定一个指标,当达到该指标时就停止生长,这样做容易产生视界局限,即一旦停止分支,使得节点 N 成为叶节点,就断绝了其后继节点进行好

92

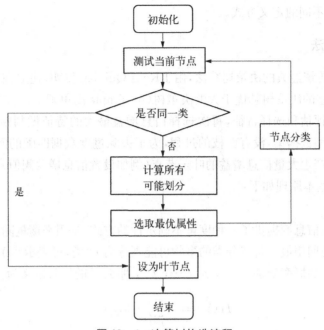

图 10 - 4 决策树构造流程

的分支操作的任何可能性。严格地说这些已停止的分支会误导学习算法,导致产生的树不纯度降差最大的地方过分靠近根节点。

后剪枝中树首先要充分生长,直到叶节点都有最小的不纯度值为止,因而可以克服视界局限。然后对所有相邻的成对叶节点考虑是否消去它们,如果消去能引起令人满意的不纯度增长,那么执行消去,并令它们的公共父节点成为新的叶节点。这种合并叶节点的做法和节点分支的过程恰好相反,经过剪枝后叶节点常常会分布在很宽的层次上,树也变得不平衡。后剪枝技术的优点是克服了视界局限效应,而且无须保留部分样本用于交叉验证,所以可以充分利用全部训练集的信息。但后剪枝的计算量代价比预剪枝方法大得多,特别是在大样本集中。不过对于小样本的情况,后剪枝方法还是优于预剪枝方法。

10.3 基本方法

划分数据集的最大原则是使无序的数据变得有序。如果一个训练数据中有 20 个特征,那么选取哪个做划分依据?这就必须采用量化的方法来判断,量化方法有多种,其中一项就是信息论度量信息分类。基于信息论的决策树算法有 ID3、CART 和 C4.5 等算法,其中 C4.5 和 CART 两种算法从 ID3 算法中衍生而来。

CART 和 C4.5 是支持数据特征为连续分布时的处理,主要通过使用二元切分来处理连续型变量,即求一个特定值——分裂值。特征值大于分裂值就走左子树,或者就走右子树。这个分裂值选取的原则是使得划分后的子树中的混乱程度降低,具体到 C4.5 和

CART 算法则有不同的定义方式。

10.3.1 ID3 算法

ID3 算法是传统经典的决策树算法，由 J.Ross Quinlan 发明，建立在奥卡姆剃刀原理基础上：越是小型的决策树越优于大的决策树（be simple 简单理论）。ID3 算法中根据信息论的信息增益评估和选择特征，每次选择信息增益最大的特征做判断模块。ID3 算法可用于划分标称型数据集，没有剪枝的过程，为了去除过度数据匹配的问题，可通过裁剪合并相邻的无法产生大量信息增益的叶子节点（例如设置信息增益阈值）。

ID3 算法的基本原理如下：

1）信息熵

在概率论中，信息熵提供了一种度量不确定性的方式，是用来衡量随机变量的不确定性，熵就是信息的期望值。若待分类的事物可能划分为 m 类，可表示为 $Y = \{y_1, y_2, \cdots, y_m\}$，每一种取到的概率分别是 $p_1, p_2, \cdots, p_m$，那么 Y 的熵就定义为

$$H(Y) = -\sum_{j=1}^{m} p_j \log p_j \qquad (10-1)$$

熵值越高，则数据混合的种类越高，其蕴含的含义是一个变量可能的变化越多，其携带的信息量就越大。熵跟变量具体的取值没有任何关系，只和值的种类多少以及发生概率有关。

2）条件熵

假设有随机变量 (X, Y)，其联合概率分布为

$$P(X = x_i, Y = y_j), i = 1, 2, \cdots, n; j = 1, 2, \cdots, m$$

则条件熵（$H(Y \mid X)$）表示在已知随机变量 X 的条件下随机变量 Y 的不确定性，其定义为给定 X 的条件下，Y 的条件概率分布的熵对 X 数学期望

$$H(Y \mid X) = \sum_{i=1}^{n} p_i H(Y \mid X = x_i) \qquad (10-2)$$

p_i 表示随机变量 X 取值为 x_i 的概率，$H(Y \mid X = x_i)$ 表示随机变量 X 取值为 x_i 的数据子集的熵。

3）信息增益

信息增益（information gain）表示获得特征 X 的信息后，而使得 Y 的不确定性减少的程度。定义为

$$\mathrm{Gain}(Y, X) = H(Y) - H(Y \mid X) \qquad (10-3)$$

每次选取特征的过程都是通过计算每个特征值划分数据集后的信息增益，然后选取信息增益最大的特征。第一轮信息增益计算后会得到一个特征作为决策树的根节点，该特征有几个取值，根节点就会有几个分支，每一个分支都会产生一个新的数据子集，对每个数据子集再重复上述过程，直至数据子集都属于同一类。

在决策树构造过程中可能会出现这种情况：所有特征都已作为分裂特征，但子集还

不是纯净集(集合内的元素不属于同一类别)。在这种情况下,由于没有更多信息可以使用,一般对这些子集进行"多数表决",即使用此子集中出现次数最多的类别作为此节点类别,然后将此节点作为叶子节点。

10.3.2　C4.5 算法

C4.5 算法是在 ID3 算法基础上进行了改进,C4.5 算法继承了 ID3 算法的优点。该算法用信息增益率来选择属性,克服了用信息增益选择属性时偏向选择取值多的属性的不足;在树构造过程中进行剪枝能够完成对连续属性的离散化处理;能够对不完整数据进行处理。C4.5 算法的基本原理如下。

(1) 设样本集 S 有 s 个训练样本,将样本集分成 m 类,第 i 类的实例个数为 S_i,S_i/s 即为概率 p_i,Info(S)为类别信息熵,其计算公式为

$$\text{Info}(S) = -\sum_{i=1}^{m} p_i \log_2(p_i) \tag{10-4}$$

(2) 若选择特征 A 为分裂特征,则样本集 S 被划分为 k 个子集$\{S_1, S_2, \cdots, S_k\}$,设特征 A 有 k 个不相关的值$\{a_1, a_2, \cdots, a_k\}$,则 S_j 中第 i 类的训练个体数量为 S_{ij},Info(S)为 a_i 的条件信息熵,计算公式为

$$\text{Info}_A(S) = -\sum_{j=1}^{k} \frac{S_{1j} + S_{2j} + \cdots + S_{mj}}{s} * \text{Info}(S_j) \tag{10-5}$$

其中, $\text{Info}(S_j) = -\sum_{i=1}^{m} p_{ij} \log_2(p_{ij})$, $p_{ij} = \dfrac{S_{ij}}{S_j}$ 是 S_j 中第 i 类的样本概率。

(3) 计算条件属性 A 的信息增益:

$$\text{Gain}(A, S) = \text{Info}(S) - \text{Info}_A(S) \tag{10-6}$$

(4) 条件属性 A 作为划分标准将训练集 S 分为 k 个子集,p_j 为第 j 个子集的样本数量占总样本数的比例,即条件属性 A 取得 a_j 的概率,属性 A 在样本 S 中的信息熵为

$$\text{Info}(A) = -\sum_{j=1}^{k} p_j \log_2(p_j) \tag{10-7}$$

(5) 属性 A 的信息增益率为

$$\text{Gain-Ratio}(A) = \frac{\text{Gain}(A, S)}{\text{Info}(A)} \tag{10-8}$$

C4.5 算法根据各条件属性 A_j 对样本空间产生信息增益率的大小来确定当前的分裂特征,在信息增益的基础上除以分裂特征的信息熵,从而部分抵消了 ID3 算法偏向于属性取值数目较多所带来的影响。

10.3.3　CART 算法

CART(classification and regression tree)算法是在决策树方法基础上而采用的交叉决策树算法,CART 算法采用的是 Gini 指数(选 Gini 指数最小的特征 s)作为分裂标准,

同时它也是包含后剪枝操作。ID3 算法和 C4.5 算法虽然在对训练样本集的学习中可以尽可能多地挖掘信息,但其生成的决策树分支较多,规模较大。为了简化决策树的规模,提高生成决策树的效率,就出现了根据 GINI 系数来选择测试属性的决策树算法 CART。

该决策树算法模型采用的是二叉树形式,利用二分递归将数据空间不断划分为不同子集。同样,每一个叶节点都有着与之相关的分类规则,对应了不同的数据集划分。为了减小 CART 决策树的深度,在决策树某一分支节点对应数据集大多数为一类时,即将该分支设为叶节点。

10.3.4　SLIQ 算法

在众多决策树算法中,大部分算法需要在决策树生成与分类时将数据集全部放入主存,所以一旦数据规模超出主存限制,这些算法就无能为力了。SLIQ 具有如下的优点:对于大数量级的数据,SLIQ 的效率能够大大提高,生成的模型也较为精简,对训练数据量和属性量都没有限制。其算法流程如图 10-5 所示。

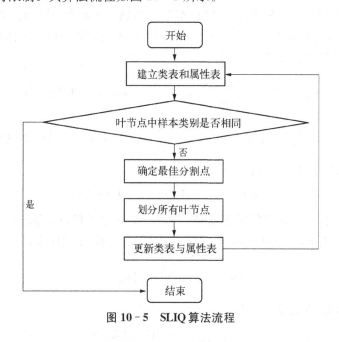

图 10-5　SLIQ 算法流程

其中,SLIQ 算法对 C4.5 决策树分类算法的实现方法进行了改进,在决策树的构造过程中采用了预排序和广度优先策略两种技术。

10.3.5　SPRINT 算法

SPRINT 主要改进了 SLIQ 的数据结构,合并 SLIQ 中的类表与属性表,将这些数据结构均放于辅存之中。这样就使得算法在遍历属性列表寻找最优分裂时,只需使用辅存中的合并数据表。该算法具有的特点:① 破除了主存限制,处理的数据规模大大提高;② 引入了并行算法。

10.3.6 PUBLIC 算法

PUBLIC 算法是典型的预剪枝决策树算法。作为预剪枝技术生成的决策树与后剪枝决策树是一致的，PUBLIC 算法采用 Gini 系数作为分裂标准，可以说是对 CART 算法的一种有效改进。其中，所谓预剪枝技术，是指在决策树的建树过程中同时进行剪枝，两者交替进行，从而提高建树效率。

10.4 应用举例——性别判断

10.4.1 问题描述

已知若干条由头发、声音和性别组成的数据，其中头发的特征为长和短，声音的特征为粗和细，性别分为男和女。要求利用决策树模型，在已知头发和声音的情况下，判断出其对应的性别。

10.4.2 模型实现

本节实验环境为基于 Python 3.6 的 pandas 和 numpy，GPU 为 NVIDIA GTX 1070，CPU 为 Intel i7 - 7700HQ。

使用已知的数据作为构建决策树性别判断模型的数据来源，分别按某特征进行分类，计算数据的熵，进而求得信息增益，信息增益越大则区分样本的能力越强，从而根据头发长短以及声音粗细的不同实现对性别进行准确的判断。

10.4.3 代码实现

1）导入所需要的函数库

```
from math import log
import operator
```

2）计算数据的熵（entropy）

```
def calcShannonEnt(dataSet):
    numEntries = len(dataSet)   # 数据条数
    labelCounts = {}
    for featVec in dataSet:
        currentLabel = featVec[- 1] # 每行数据的最后一个字段(类别)
        if currentLabel not in labelCounts.keys():
            labelCounts[currentLabel] = 0
        labelCounts[currentLabel] += 1   # 统计有多少个类以及每个类的数量
    shannonEnt = 0
    for key in labelCounts:
        prob = float(labelCounts[key]) /numEntries # 计算单个类的熵值
        shannonEnt- = prob* log(prob,2) # 累加每个类的熵值
    return shannonEnt
```

3) 创造示例数据

```
    def createDataSet1():
    dataSet = [['长','粗','男'],
                ['短','粗','男'],
                ['短','粗','男'],
                ['长','细','女'],
                ['短','细','女'],
                ['短','粗','女'],
                ['长','粗','女'],
                ['长','粗','女']]
    labels = ['头发','声音']  # 两个特征
    return dataSet,labels
def splitDataSet(dataSet,axis,value):  # 按某个特征分类后的数据
    retDataSet = []
    for featVec in dataSet:
        if featVec[axis] = = value:
            reducedFeatVec = featVec[: axis]
            reducedFeatVec.extend(featVec[axis + 1: ])
            retDataSet.append(reducedFeatVec)
    return retDataSet
```

4) 选择最优的分类特征

```
    def chooseBestFeatureToSplit(dataSet):
        numFeatures = len(dataSet[0]) - 1
        baseEntropy = calcShannonEnt(dataSet)  # 原始的熵
        bestInfoGain = 0
        bestFeature = - 1
        for i in range(numFeatures):
            featList = [example[i] for example in dataSet]
            uniqueVals = set(featList)
            newEntropy = 0
            for value in uniqueVals:
                subDataSet = splitDataSet(dataSet,i,value)
                prob = len(subDataSet) /float(len(dataSet))
                # 按特征分类后的熵
                newEntropy + = prob* calcShannonEnt(subDataSet)
            # 原始熵与按特征分类后的熵的差值
            infoGain = baseEntropy - newEntropy # 若按某特征划分后,熵值减少的最大,
则此特征为最优分类特征
            if (infoGain> bestInfoGain):
                bestInfoGain = infoGain
                bestFeature = i
        return bestFeature
    # 按分类后类别数量排序,比如: 最后分类为 2 男 1 女,则判定为男;
    def majorityCnt(classList):
        classCount = {}
        for vote in classList:
            if vote not in classCount.keys():
                classCount[vote] = 0
            classCount[vote] + = 1
```

```
sortedClassCount = sorted(classCount.items(),key = operator.itemgetter(1),
reverse = True)
    return sortedClassCount[0][0]
def createTree(dataSet,labels):
    classList = [example[- 1] for example in dataSet]  # 类别：男或女
    if classList.count(classList[0]) = = len(classList):
        return classList[0]
    if len(dataSet[0]) = = 1:
        return majorityCnt(classList)
    bestFeat = chooseBestFeatureToSplit(dataSet) # 选择最优特征
    bestFeatLabel = labels[bestFeat]
    myTree = {bestFeatLabel: {}} # 分类结果以字典形式保存
    del(labels[bestFeat])
    featValues = [example[bestFeat] for example in dataSet]
    uniqueVals = set(featValues)
    for value in uniqueVals:
        subLabels = labels[: ]
        myTree[bestFeatLabel][value] = createTree(splitDataSet\
        (dataSet,bestFeat,value),subLabels)
    return myTree
```

5）主函数运行

```
if __ name __ = = '__ main __':
    dataSet, labels= createDataSet1()  # 创造示例数据
    print(createTree(dataSet, labels))  # 输出决策树模型结果
```

结果

```
{'{'声音': {'细': '女', '粗': {'头发': {'短': '男', '长': '女'}}}}
```

10.5　本章小结

　　本章主要介绍了决策树的基本概念及其发展历史，详细介绍了其算法原理，主要包括 ID3 算法、C4.5 算法、CART 算法、SLIQ 算法、SPRINT 算法以及 PUBLIC 算法。最后通过一个具体的案例展示了决策树在分类中的应用。

第**11**章 贝叶斯分类器

11.1 概述

1763 年 12 月 23 日,托马斯·贝叶斯(Thomas Bayes)的遗产受赠者 R.Price 牧师在英国皇家学会宣读了贝叶斯的遗作《论机会学说中一个问题的求解》,其中给出了贝叶斯定理,这一天现在被当作贝叶斯定理的诞生日。虽然贝叶斯定理在今天已成为概率统计最经典的内容之一,但没有记录表明他此前发表过任何科学或数学论文。贝叶斯的研究工作和他本人在他生活的时代很少有人关注,贝叶斯定理出现后很快就被遗忘了,后来大数学家拉普拉斯使它重新被科学界所熟悉,但直到 20 世纪随着统计学的广泛应用才备受瞩目。

贝叶斯决策论在机器学习、模式识别等诸多关注数据分析的领域都有极为重要的地位。对贝叶斯定理进行近似求解,为机器学习算法的设计提供了一种有效途径。为避免贝叶斯定理求解时面临的组合爆炸、样本稀疏问题,朴素贝叶斯分类器引入了属性条件独立性假设。这个假设在现实应用中往往很难成立,但有趣的是,朴素贝叶斯分类器在很多情形下都能获得相当好的性能。一种解释是对分类任务来说,只需各类别的条件概率排序正确、无须精准概率值即可导致正确分类结果;另一种解释是,若属性间依赖对所有类别影响相同,或依赖关系的影响能相互抵消,则属性条件独立性假设在降低计算开销的同时不会对性能产生负面影响。朴素贝叶斯分类器在信息检索领域尤为常用。

根据对属性间依赖的涉及程度,贝叶斯分类器形成了一个谱;朴素贝叶斯分类器不考虑属性间依赖性,贝叶斯网能表示任意属性间的依赖性,二者分别位于谱的两端;介于两者之间的则是一系列半朴素贝叶斯分类器,它们基于各种假设和约束来对属性间的部分依赖性进行建模。一般认为,半朴素贝叶斯分类器的研究始于 1991 年的 Kononenko 论文。ODE 仅考虑依赖一个父属性,由此形成了独依赖分类器如 TAN、AODE、LBR(lazy Bayesian Rule)等;kDE 则考虑最多依赖 k 个父属性,由此形成了 k 依赖分类器,如 KDB、NBtree 等。

贝叶斯分类器(Bayes classifier)与一般意义上的贝叶斯学习(bayesian learning)有显著区别,前者是通过最大后验概率进行单点估计,后者则是进行分布估计。

11.2　基本原理

11.2.1　贝叶斯决策论

贝叶斯决策论(Bayesian decision theory)是在概率框架下实施决策的基本方法。对分类任务来说,在所有相关概率都已知的理想情形下,贝叶斯决策论考虑如何基于这些概率和误判损失来选择最优的类别标记。下面我们以多分类任务为例来解释其基本原理。

假设有 N 种可能的类别标记,即 $y = \{c_1, c_2, \cdots, c_N\}$,$\lambda_{ij}$ 是将一个真实标记为 c_j 的样本误分类为 c_i 所产生的损失。基于后验概率 $P(c_i \mid x)$ 可获得将样本 x 分类为 c_i 所产生的期望损失(expected loss),即在样本 x 上的条件风险(conditional risk)

$$R(c_i \mid x) = \sum_{j=1}^{N} \lambda_{ij} P(c_j \mid x) \tag{11-1}$$

寻找一个判定准则 $h: x \to y$ 以最小化总体风险

$$R(h) = E_x \big[R(h(x) \mid x) \big] \tag{11-2}$$

显然,对每个样本 x,若 h 能最小化条件风险 $R(h(x) \mid x)$,则总体风险 $R(h)$ 也将被最小化。这就产生了贝叶斯判定准则(Bayes decision rule):为最小化总体风险,只需在每个样本上选择那个能使条件风险 $R(c \mid x)$ 最小的类别标记,即

$$h^*(x) = \arg \min_{c \in y} R(c \mid x) \tag{11-3}$$

此时,h^* 为贝叶斯最优分类器(Bayes optimal classifier),与之对应的总体风险 $R(h^*)$ 称为贝叶斯风险(Bayes risk)。$1 - R(h^*)$ 反映了分类器所能达到的最好性能,即通过机器学习所能产生的模型精度的理论上限。

具体来说,若目标是最小化分类错误率,则误判损失 λ_{ij} 可写为

$$\lambda_{ij} = \begin{cases} 0, & \text{如果 } i = j \\ 1, & \text{其他} \end{cases} \tag{11-4}$$

此时条件风险

$$R(c \mid x) = 1 - P(c \mid x) \tag{11-5}$$

于是,最小化分类错误率的贝叶斯最优分类器为

$$h^*(x) = \arg \min_{c \in y} P(c \mid x) \tag{11-6}$$

即对每个样本 x,选择能使后验概率 $P(c \mid x)$ 最大的类别标记。

不难看出,若使用贝叶斯判定准则来最小化决策风险,首先要获得后验概率 $P(c \mid$

x)。 然而,在现实任务中这通常难以直接获得。从这个角度来看,机器学习所要实现的是基于有限的训练样本集尽可能准确地估计出后验概率 $P(c \mid x)$。 大体来说,主要有两种策略:① 给定 x,可通过直接建模 $P(c \mid x)$ 来预测 c,这样得到的是判别式模型(discriminative models);② 也可先对联合概率分布 $P(x,c)$ 建模,然后再由此获得 $P(c \mid x)$,这样得到的是生成式模型(generative models)。决策树、BP 神经网络、支持向量机等都可归入判别式模型的范畴。对生成式模型来说,必然考虑

$$P(c \mid x) = \frac{P(x,c)}{P(x)} \tag{11-7}$$

基于贝叶斯定理,$P(c \mid x)$ 可写为

$$P(c \mid x) = \frac{P(c)P(x \mid c)}{P(x)} \tag{11-8}$$

其中,$P(c)$ 是类"先验"(prior)概率;$P(x \mid c)$ 是样本 x 相对于类标记 c 的类条件概率(class-conditional probability),或称为似然(likelihood);$P(x)$ 是用于归一化的证据(evidence)因子。对给定样本 x,证据因子 $P(x)$ 与类标记无关,因此估计 $P(c \mid x)$ 的问题就转化为如何基于训练数据 D 来估计先验 $P(c)$ 和似然 $P(x \mid c)$。

类先验概率 $P(c)$ 表达了样本空间中各类样本所占的比例。根据大数定律,当训练集包含充足的独立同分布样本时,$P(c)$ 可通过各类样本出现的频率来进行估计。对类条件概率 $P(x \mid c)$ 来说,由于它涉及关于 x 所有属性的联合概率,直接根据样本出现的频率来估计将会遇到严重的困难。例如,假设样本的 d 个属性都是二值的,则样本空间将有 2^d 种可能的取值。在现实应用中,这个值往往远大于训练样本数 m。 也就是说,很多样本取值在训练集中根本没有出现,直接使用频率来估计 $P(x \mid c)$ 显然不可行,因为未被观测到与出现概率为零通常是不同的。

11.2.2 极大似然估计

估计类条件概率的一种常用策略是先假定其具有某种确定的概率分布形式,再基于训练样本对概率分布的参数进行估计。具体地,记关于类别 c 的类条件概率为 $P(x \mid c)$,假设 $P(x \mid c)$ 具有确定的形式并且被参数向量 $\boldsymbol{\theta}_c$ 唯一确定,则我们的任务就是利用训练集 D 估计参数 $\boldsymbol{\theta}_c$。 为明确起见,将 $P(x \mid c)$ 记为 $P(x \mid \boldsymbol{\theta}_c)$。 事实上,概率模型的训练过程就是参数估计(parameter estimation)过程。对于参数估计,统计学界的两个学派分别提供了不同的解决方案:频率主义学派(Frequentist)认为参数虽然未知,但却是客观存在的固定值,因此,可通过优化似然函数等准则来确定参数值;贝叶斯学派(Bayesian)则认为参数是未观察到的随机变量,其本身也可有分布。因此,可假定参数服从一个先验分布,然后基于观测到的数据来计算参数的后验分布。本节介绍源自频率主义学派的极大似然估计(maximum likelihood estimation,MLE),这是根据数据采样来估计概率分布参数的经典方法。

令 D_c 表示训练集 D 中第 c 类样本组成的集合,假设这些样本是独立同分布的,则参数 $\boldsymbol{\theta}_c$ 对于数据集 D_c 的似然是

$$P(D_c \mid \boldsymbol{\theta}_c) = \prod_{x \in D_c} P(x \mid \boldsymbol{\theta}_c) \tag{11-9}$$

对 $\boldsymbol{\theta}_c$ 进行极大似然估计,就是去寻找能最大化似然 $P(D_c \mid \boldsymbol{\theta}_c)$ 的参数值 $\widehat{\boldsymbol{\theta}}_c$。 直观上看,极大似然估计是试图在 $\boldsymbol{\theta}_c$ 所有可能的取值中,找到一个能使数据出现的可能性最大的值。

式(11-9)中的连乘操作易造成下溢,通常使用对数似然(log-likelihood)

$$\begin{aligned} LL(\boldsymbol{\theta}_c) &= \log P(D_c \mid \boldsymbol{\theta}_c) \\ &= \sum_{x \in D_c} \log P(x \mid \boldsymbol{\theta}_c) \end{aligned} \tag{11-10}$$

此时参数 $\boldsymbol{\theta}_c$ 的极大似然估计 $\widehat{\boldsymbol{\theta}}_c$ 为

$$\widehat{\boldsymbol{\theta}}_c = \arg \max_{\boldsymbol{\theta}_c} LL(\boldsymbol{\theta}_c) \tag{11-11}$$

例如,在连续属性情形下,假设概率密度函数 $P(x \mid c) \sim N(\mu_c, \sigma_c^2)$,则参数 μ_c 和 σ_c^2 的极大似然估计为

$$\widehat{\mu_c} = \frac{1}{\mid D_c \mid} \sum_{x \in D_c} x \tag{11-12}$$

$$\widehat{\sigma_c^2} = \frac{1}{\mid D_c \mid} \sum_{x \in D_c} (x - \widehat{\mu_c})(x - \widehat{\mu_c})^{\mathrm{T}} \tag{11-13}$$

也就是说,通过极大似然法得到的正态分布均值就是样本均值,方差就是 $(x - \widehat{\mu_c})(x - \widehat{\mu_c})^{\mathrm{T}}$ 的均值,这显然是一个符合直觉的结果。在离散属性情形下,也可通过类似的方式估计类条件概率。

需注意的是,这种参数化的方法虽能使类条件概率估计变得相对简单,但估计结果的准确性严重依赖于所假设的概率分布形式是否符合潜在的真实数据分布。在现实应用中,欲做出能较好地接近潜在真实分布的假设,往往需在一定程度上利用关于应用任务本身的经验知识,否则若仅凭猜测来假设概率分布形式,很可能产生误导性的结果。

11.3 基本方法

11.3.1 朴素贝叶斯分类器

不难发现,基于贝叶斯式(11-8)来估计后验概率 $P(c \mid x)$ 的主要困难在于:类条件概率 $P(x \mid c)$ 是所有属性的联合概率,难以从有限的训练样本直接估计而得。为避开这

个障碍,朴素贝叶斯分类器(naive Bayes classifier)采用了"属性条件独立性假设"(attribute conditional independence assumption),即对已知类别,假设所有属性相互独立。换言之,假设每个属性独立地对分类结果产生影响。

基于属性条件独立性假设,式(11-8)可改写为

$$P(c \mid x) = \frac{P(c)P(x \mid c)}{P(x)} = \frac{P(c)}{P(x)} \prod_{i=1}^{d} P(x_i \mid c) \qquad (11-14)$$

其中,d 为属性数目;x_i 为 x 在第 i 个属性上的取值。

由于对所有类别来说 $P(x)$ 相同,因此基于式(11-6)的贝叶斯判定准则有

$$P(c \mid x) = \arg \max_{c \in y} P(c) \prod_{i=1}^{d} P(x_i \mid c) \qquad (11-15)$$

这就是朴素贝叶斯分类器的表达式。

显然,朴素贝叶斯分类器的训练过程就是基于训练集 D 来估计类先验概率 $P(c)$,并为每个属性估计条件概率 $P(x_i \mid c)$。

令 D_c 表示训练集 D 中第 c 类样本组成的集合,若有充足的独立同分布样本,则可容易地估计出类先验概率

$$P(c) = \frac{\mid D_c \mid}{\mid D \mid} \qquad (11-16)$$

对离散属性而言,令 D_{c,x_i} 表示 D_c 中在第 i 个属性上取值为 x_i 的样本组成的集合,则条件概率 $P(x_i \mid c)$ 可估计为

$$P(x_i \mid c) = \frac{\mid D_{c,x_i} \mid}{\mid D \mid} \qquad (11-17)$$

对连续属性可考虑概率密度函数,假定 $P(x_i \mid c) \sim N(\mu_{c,i}, \sigma_{c,i}^2)$,其中 $\mu_{c,i}$ 和 $\sigma_{c,i}^2$ 分别是第 c 类样本在第 i 个属性上取值的均值和方差,则有

$$P(x_i \mid c) = \frac{1}{\sqrt{2\pi}\,\sigma_{c,i}} \exp\left(-\frac{(x_i - \mu_{c,i})^2}{2\,\sigma_{c,i}^2}\right) \qquad (11-18)$$

为了避免其他属性携带的信息被训练集中未出现的属性值抹去,在估计概率值时通常要进行平滑(smoothing),常用拉普拉斯修正(Laplacian correction)。具体来说,令 N 表示训练集 D 中可能的类别数,N_i 表示第 i 个属性可能的取值数,则式(11-16)和(11-17)分别修正为

$$\hat{P}(c) = \frac{\mid D_c \mid + 1}{\mid D \mid + N} \qquad (11-19)$$

$$\hat{P}(x_i \mid c) = \frac{\mid D_{c,x_i} \mid + 1}{\mid D \mid + N_i} \qquad (11-20)$$

显然,拉普拉斯修正避免了因训练集样本不充分而导致概率估值为零的问题,并且在

训练集变大时,修正过程所引入的先验的影响也会逐渐变得可忽略,使得估值逐渐趋向于实际概率值。

在现实任务中,朴素贝叶斯分类器有多种使用方式,例如,若任务对预测速度要求较高,则对给定训练集,可将朴素贝叶斯分类器涉及的所有概率估值事先计算好存储起来,这样在进行预测时只需查表即可进行判别;若任务数据更替频繁,则可采用懒惰学习(lazy learning)方式,先不进行任何训练,待收到预测请求时再根据当前数据集进行概率估值;若数据不断增加,则可在现有估值基础上,仅对新增样本的属性值所涉及的概率估值进行计数修正即可实现增量学习。

11.3.2 半朴素贝叶斯分类器

为了降低贝叶斯公式(11-8)中估计后验概率 $P(c \mid x)$ 的困难,朴素贝叶斯分类器采用了属性条件独立性假设,但在现实任务中这个假设往往很难成立。于是,人们尝试对属性条件独立性假设进行一定程度的放松,由此产生了一类称为半朴素贝叶斯分类器(semi-naïve Bayes classifiers)的学习方法。

半朴素贝叶斯分类器的基本想法是适当考虑一部分属性之间的相互依赖信息,从而既不需进行完全联合概率计算,又不至于彻底忽略了比较强的属性依赖关系。独依赖估计(one-dependent estimator,ODE)是半朴素贝叶斯分类器最常用的一种策略。顾名思义,所谓独依赖就是假设每个属性在类别之外最多仅依赖于一个其他属性,即

$$P(c \mid x) \propto P(c) \prod_{i=1}^{d} P(x_i \mid c, pa_i) \tag{11-21}$$

其中,pa_i 为属性 x_i 所依赖的属性,称为 x_i 的父属性。此时,对每个属性 x_i,若其父属性 pa_i 已知,则可采用类似用式(11-20)的办法来估计概率值 $P(x_i \mid c, pa_i)$。问题的关键就转化为如何确定每个属性的父属性,不同的做法产生不同的独依赖分类器。

朴素贝叶斯与两种半朴素贝叶斯分类器所考虑的属性依赖关系如图 11-1 所示。

最直接的做法是假设所有属性都依赖于同一个属性,称为超父(super-parent),然后通过交叉验证等模型选择方法来确定超父属性,由此形成了 SPODE(Super-Parent ODE)方法。例如,在图 11-1(b)中,x_1 是超父属性。

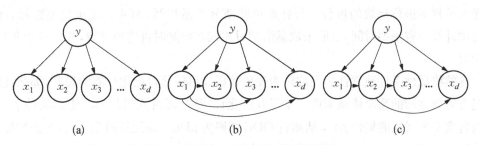

图 11-1 朴素贝叶斯与两种半朴素贝叶斯分类器所考虑的属性依赖关系
(a) NB;(b) SPODE;(c) TAN

TAN 贝叶斯（tree augmented naive Bayes）则是在最大带权生成树（maximum weighted spanning tree）算法的基础上，通过以下步骤将属性间依赖关系约简为如图 11 - 1(c)所示的树形结构。

（1）计算任意两个属性之间的条件互信息。

$$I(x_i, x_j \mid y) = \sum_{x_i, x_j; c \in y} P(x_i, x_j \mid c)\log \frac{P(x_i, x_j \mid c)}{P(x_i \mid c)P(x_j \mid c)} \quad (11-22)$$

（2）以属性为结点构建完全图，任意两个结点之间边的权重设为 $I(x_i, x_j \mid y)$。

（3）构建此完全图的最大带权生成树，挑选根变量，将边置为有向。

（4）加入类别结点 y，增加从 y 到每个属性的有向边。

容易看出，条件互信息 $I(x_i, x_j \mid y)$ 刻画了属性 x_i 和 x_j 在已知类别情况下的相关性，因此，通过最大生成树算法，TAN 实际上仅保留了强相关属性之间的依赖性。AODE （Averaged One-Dependent Estimator）是一种基于集成学习机制、更为强大的独依赖分类器。与 SPODE 通过模型选择确定超父属性不同，AODE 尝试将每个属性作为超父来构建 SPODE，然后将那些具有足够训练数据支撑的 SPODE 集成起来作为最终结果，即

$$P(c \mid x) \propto \sum_{\substack{i=1 \\ |D_{xi}| \geqslant m'}}^{d} P(c, x_i) \prod_{j=1}^{d} P(x_j \mid c, x_i) \quad (11-23)$$

其中：D_{xi} 是在第 i 个属性上取值为 x_i 的样本的集合，m' 为阈值常数。显然，AODE 需估计 $P(c, x_i)$ 和 $P(x_j \mid c, x_i)$。类似式(11-20)，有

$$\hat{P}(c, x_i) = \frac{|D_{c, x_i}| + 1}{|D| + N_i} \quad (11-24)$$

$$\hat{P}(x_i \mid c, x_i) = \frac{|D_{c, x_i, x_j}| + 1}{|D_{c, x_i}| + N_j} \quad (11-25)$$

其中，N_i 是第 i 个属性可能的取值数，D_{c, x_i} 是类别为 c 且在第 i 个属性上取值为 x_i 的样本集合，D_{c, x_i, x_j} 是类别为 c 且在第 i 和第 j 个属性上取值分别为 x_i 和 x_j 的样本集合。不难看出，与朴素贝叶斯分类器类似，AODE 的训练过程也是计数，即在训练数据集上对符合条件的样本进行计数的过程。与朴素贝叶斯分类器相似，AODE 无须模型选择，既能通过预计算节省预测时间，也能采取懒惰学习方式在预测时再进行计数，并且易于实现增量学习。

既然将属性条件独立性假设放松为独依赖假设可能获得泛化性能的提升，那么，能否通过考虑属性间的高阶依赖来进一步提升泛化性能呢？即将式(11-23)中的属性 pa_i 替换为包含 k 个属性的集合 pa_i，从而将 ODE 拓展为 kDE。需注意的是，随着 k 的增加，准确估计概率 $P(x_i \mid y, pa_i)$ 所需的训练样本数量将以指数级增加。因此，若训练数据非常充分，泛化性能有可能提升。但在有限样本条件下则又陷入估计高阶联合概率的泥沼。

11.4　应用举例——贝叶斯实现影评观众情绪分类

11.4.1　问题描述

Rotten Tomatoes 电影评论数据集是用于情感分析的电影评论语料库,最初由 Pang 和 Lee 收集。在他们关于情感树库的工作中,Socher 等人使用亚马逊的 Mechanical Turk 为语料库中的所有解析短语创建细粒度标签。著名的 Kaggle 竞赛提供了 Rotten Tomatoes 数据集上的情绪分析想法进行基准测试。该数据集被要求按五个等级标记短语:消极、有点消极、中立、有点积极、积极。句子否定、讽刺、简洁、语言模糊以及许多其他障碍使得这项任务非常具有挑战性。

11.4.2　模型实现

本节实验环境为基于 Python 3.6 的 pandas 和 numpy,GPU 为 NVIDIA GTX 1070, CPU 为 Intel i7 - 7700HQ。

Kaggle 影评情绪文件有四个字段,分为 PhraseId、SentenceId、Phrase 和 Sentiment。其中 Sentiment 为标签数据字段,其值有 negative(0)、somewhat negative(1)、neutral (2)、somewhat positive(3)和 positive(4)等 5 种。该问题属于多分类问题,可以通过贝叶斯分类器实现对影评观众情绪的分类。

11.4.3　代码实现

1) 导入所需要的函数库

```
import pandas as pd
from sklearn.feature_extraction.text import CountVectorizer
from sklearn.naive_bayes import MultinomialNB
from sklearn.metrics import accuracy_score, roc_auc_score, roc_curve
import matplotlib.pyplot as plt
```

2) 导入数据集"labeledTrainData.tsv"并查看数据存储结构

```
df = pd.read_csv("labeledTrainData.tsv", delimiter = "\t")   # 导入数据 tsv 是按照
\t分割的
print(df.head(50))   # 查看数据存储结构
```

3) 将数据集按照 7∶3 的比例划分为训练集和测试集

```
split = 0.7
d_train = df[: int(split * len(df))]   # 按照 7∶3 的比例分为测试集和训练集
d_test = df[int((split) * len(df)):]
```

4）初始化单词计数向量器 vectorizer

```
vectorizer = CountVectorizer()   # 初始化单词计数向量器
features = vectorizer.fit_transform(d_train.review)   # 训练样本特征值
test_features = vectorizer.transform(d_test.review)   # 测试样本的特征值
```

5）将同类的单词划分为一类

```
i = 45000
j = 10
words = vectorizer.get_feature_names()[i: i + 10]
print("单词分类为："words)
```

6）主函数运行

```
NBmodel = MultinomialNB()
NBmodel.fit(features, d_train.sentiment)   # 训练模型
predict1 = NBmodel.predict_proba(test_features)   # 返回在每一类对应的概率
print(predict1)
# performance(d_test.sentiment, predict1)
y_true = d_test.sentiment
predict = predict1
acc = accuracy_score(y_true, predict[: , 1] > 0.5)
print("准确率 = % f" % acc)
```

11.4.4　结果分析

预测结果如下。

单词分类为：["producer"，"producer 9 and"，"producers"，"produces"，"producing"，"product"，"production"，"productions"，"productive"，"productively"]。

准确率＝0.844 533。

11.5　本章小结

由贝叶斯提出的贝叶斯定理在今天已成为概率统计最经典的内容之一。贝叶斯定理为机器学习、模式识别等诸多关注数据分析的领域提供了一种有效途径。本章针对贝叶斯定理，分别介绍了贝叶斯决策论、极大似然估计、朴素贝叶斯分类器和半朴素贝叶斯分类器的应用，从而使读者对贝叶斯定理有更全面的理解。

第 *12* 章　集成学习

12.1　概述

12.1.1　集成学习的背景

　　KDD-Cup 是最为知名的数据挖掘竞赛，始于 1975 年，每年一次，吸引了世界众多的数据挖掘团队。竞赛所涉及的问题涵盖了各种实际任务，比如 1999 年的网络入侵检测；2001 年的分子活性 & 蛋白质区域预测（protein locale prediction）；2006 年的肺栓塞诊断；2009 年的客户关系管理；2010 年的教育数据挖掘；2011 年的音乐推荐等。在以往的KDD-Cup 竞赛中，有大量的技术得以应用，但是集成学习技术最受青睐。比如，2009—2011 年的冠亚军获得者都是利用集成学习技术赢得比赛。

　　另外一个著名的竞赛是 Netflix Prize，由在线影碟租赁公司 Netflix 举办，其目的是为了改进预测准确率，即根据用户以往的偏好来预测顾客可能会喜欢什么样的主题和风格的电影。如果谁的算法能使其预测准确率超过公司算法预测准确率的 10%，那么谁将会赢得百万巨奖。2009 年 9 月 21 日，Netflix 将百万巨奖颁给了 Bellkor's Pragmatic Chaos 团队。该团队的解决方案集成了一系列不同的分类器，包括非对称因子模型、回归模型、局限型波兹曼模型、矩阵因子分解法、k 近邻算法。

　　除了在这些比赛中的令人印象深刻的结果外，集成学习在很多实际任务中也得到了很成功的应用。实际上，集成的方法几乎在所有涉及学习技术的领域都有所应用。比如计算机视觉领域的几乎所有的分支都受益于集成学习，如检测、识别、追踪等。

12.1.2　集成学习的发展历程

　　通过集成学习思想进行决策在文明社会开始时就已经存在了，例如：在社会中，公民们通过投票来选举官员或制定法律，对于个人而言，在重大医疗手术前通常咨询多名医生。这些例子表明，人们需要权衡并组合各种意见来做出最终的决定。研究人员使用集成学习的最初目的和人们在日常生活中使用这些机制的原因相似。Dietterich 从数学角度解释了集成方法 3 个成功的基本原因：统计、计算和代表性。此外，亦可通过偏差方差分解对集成学习的有效性进行分析。1979 年，Dasarathy 和 Sheela 首次提出集成学习思想。1990 年，Hansen 和 Salamon 展示了一种基于神经网络的集成模型，该集成模型具有更低的方差和更好的泛化能力。同年，Schapire 证明了通过 Boosting 方法可以将弱分类器组合成一个强分类器，该方法的提出使集成学习成为机器学习的一个重要研究领域。此后，集成学习研究得到迅猛发展，出现了许多新颖的思想和模型。1991 年 Jacobs 提出了混合专家模型；1994 年，Wolpert 提出了堆叠泛化模型；1995 年，Freund 和 Schapire 提出了 Adaboost 算法，该算法运行高效且实际应用广泛，该算法提出后，研究人员针对该算法进行了深入的研究；1996 年，Breiman 提出了 Bagging 算法，该算法从另一个角度对基学习器进行组合；1997 年，Woods 提出了一种动态分类器选择方法；2001 年，Breiman 提出了随机森林算法，该算法被誉为最好的算法之一。随着时代的发展，更多的集成学习算法被提出，并且在诸多领域都取得了重大突破。

集成学习是典型的实践驱动的研究方向，它一开始先在实践中证明有效，而后才有学者从理论上进行各种分析，这非常不同于大名鼎鼎的 SVM。SVM 是先有理论，然后基于理论指导实现了算法。回顾集成学习中最主流的 RF 的发展历程。1995 年，AT&T bell 实验室的香港女学者 Ho Tin Kam 最早提出了 RF，那时还未称作 Random Forests，而叫 RDF（Random Decision Forest），其主要是采用 Random Subspace 的思想使用 DT（Decision Tree）来构建 Forest。随后几年，又有一批人相继提出了大大小小的一些类似或改进的工作，但都未产生巨大变化。到了 2001 年，统计学家 Breiman 已开始在机器学习界站稳脚跟。他在 RDF 基础上又引入了 Bagging 技术，并提出了沿用至今的 Random Forests。虽然其进行了理论分析，并给出了一个看似不错的误差上界，但其只具有一般的符号意义，没有太多的指导意义。2005—2015 这十年里，集成学习方面的论文陆续有推出，但遗憾的是，集成学习的理论进展还是非常缓慢。大多工作都是围绕一个特定的算法做分析，始终没有一个统一的理论站稳脚跟。理论指导实践，这是机器学习研究者们渴望已久的灯塔，但它太远太远，以至于我们只能在茫茫迷雾中怀着这份渴望摸索前行。回顾集成学习理论的发展历程，为数不多的有用结论之一可能就是——从 bias-variance 分解角度分析集成学习方法，人们意识到：Bagging 主要减小了 variance，而 Boosting 主要减小了 bias，而这种差异直接推动结合 Bagging 和 Boosting 的 MultiBoosting 的诞生。值得一提的是，我国学者在集成学习领域也做了很多贡献，以南京大学周志华教授为代表的学者的一系列工作走在了世界前列，如选择集成技术、集成聚类技术、半监督集成技术等等。周志华教授是最早将 Ensemble Learning 翻译为集成学习，是国内这一领域的先行者。

12.1.3　集成学习的优缺点

集成学习（ensemble learning）是目前非常流行的机器学习策略，基本上所有问题都可以借用其思想来得到效果上的提升。在这里主要介绍随机森林、Adaboost、GBDT 三种算法的特点。

1．集成学习各方法的优点

（1）随机森林是机器学习中十分常用的算法，也是 Bagging 集成策略中最实用的算法之一。它的优点是具有极高的准确率；随机性的引入，使得随机森林不容易过拟合，有很好的抗噪声能力；对异常点离群点不敏感，能处理很高维度的数据，并且不用做特征选择；既能处理离散型数据，也能处理连续型数据，数据集无须规范化，实现简单，训练速度快，可以得到变量重要性排序，容易实现并行化。在创建随机森林的时候，对泛化误差（generlization error）使用的是无偏估计，不需要额外的验证集。

（2）Adaboost 算法是 Boosting 算法中的一个典型代表，其用于二分类或多分类的应用场景，在 Adaboost 的框架下，可以使用各种回归分类模型来构建弱学习器，非常灵活。该算法 Adaboost 简单，不会过拟合（overfitting），不用调分类器，不需要归一化，泛化错误率低，精度高，可应用在大多数的分类器上，并且无须调整参数，还可用于特征选择。

（3）梯度提升决策树（gradient boosting decision tree，GBDT）可以灵活处理各种类型的数据，包括连续值和离散值，在相对少的调参时间情况下，预测的准确率也可以比较高。使用一些健壮的损失函数，对异常值的鲁棒性非常强。比如 Huber 损失函数和 Quantile 损失函数。不需要归一化，树模型都不需要，只有梯度下降算法才需要。

2．集成学习各方法的缺点

（1）随机森林已经被证明在某些噪声较大的分类或回归问题上会过拟合，对于有不同取值的属性的数据，取值划分较多的属性会对随机森林产生更大的影响，所以随机森林在这种数据上产生的属性权值是不可信的。随机森林模型还有许多不好解释的地方，在一定意义上算作黑盒模型。

（2）AdaBoost 迭代次数（即弱分类器数目）不太好设定，针对这一缺点，可以使用交叉验证来进行确定；数据不平衡导致分类精度下降；训练比较耗时，每次重新选择当前分类器最好切分点；对离群点敏感，所以 AdaBoost 在训练过程中，会使得难于分类样本的权值呈指数增长，训练将会过于偏向这类困难的样本，导致 AdaBoost 算法易受噪声干扰。

（3）GBDT 在弱学习器之间存在依赖关系，所以难以并行训练数据。但可以通过子采样的 SGBT 来达到部分并行。GBDT 不适合高维稀疏特征。

12.2　集成学习主要策略

集成学习算法之间的主要区别有 3 个方面：提供给个体学习器的训练数据不同；产生个体学习器的过程不同；学习结果的组合方式不同。因此，本节具体介绍集成学习多样性及基学习器训练方法。

12.2.1　集成学习多样性

数据样本多样性的产生方法主要有 3 种：输入样本扰动；输入属性扰动；输出表示

扰动。算法参数多样性是指通过使用不同的参数集来产生不同的个体学习器。即使每个个体学习器都使用相同的训练集,但是由于使用的参数不同,其输出也会随参数的改变而变化。多核学习技术(multi-kernel learning, MKL)是一种增强参数多样性的集成学习方法,它采用调整每个内核的参数和组合参数的方法,将多个内核的优点组合,然后用于分类或回归。在神经网络中,通过改变网络中的节点数,或者将不同的初始权重分配给网络,或者使用不同的网络拓扑结构来提高网络多样性。在提高学习效果的目标下,每个学习器的评价函数被扩展为增强多样性的惩罚项。其中,最常用的惩罚方法是负相关学习。在集成学习中,负相关学习思想采用不同的学习器来表示问题的不同子空间,在训练学习器时,使用误差函数中的相关性惩罚项来提高学习器之间的多样性。

结构多样性主要是由个体学习器的内部结构或外部结构的不同所产生的。在一个集成学习系统中,如果个体学习器都是由同种算法训练产生的,则称之为同质集成。相反的,如果一个集成系统中包含着不同类型的个体学习器,则称之为异质集成。在训练模型时,先让集成系统无限地扩展,然后再进行修剪,有时可以获得更有效的模型。Liu 等通过实验探究集成系统大小如何影响集成学习的精度和多样性,证明从一个大的集成系统中构造一个小的集成系统既能确保准确性,又能保证多样性。随后 Zhou 等提出了一种模型选择方法,该方法可以得到一个结构简单、性能优越的集成学习系统。理想情况下,个体学习器的输出应该是独立或是负相关的。

12.2.2　集成学习算法

随着集成学习研究领域的不断发展,虽然研究者们不断提出新的集成学习算法,但是这些算法大多是由一些经典算法,如:Bagging、Boosting、Stacking 等改编得到的,这些经典算法具有良好的效果且被广泛应用于各个领域,本节将对这 3 种经典的集成学习算法进行分析和对比。

Bagging 算法(bootstrap aggregation)是最早的集成学习算法之一,它虽然结构简单,但是表现优越。该算法通过随机改变训练集的分布产生新的训练子集,然后分别用不同的训练子集来训练个体学习器,最后将其集成为整体。该算法中,由于使用自助采样法来产生新的训练子集,一些实例会被多次采样,而其他实例会被忽略,因此,对于特定的子空间,个体学习器会具有很高的分类精度,而对于那些被忽略的部分,个体学习器难以正确分类。但是,最终的预测结果是由多个个体学习器投票产生的,所以当个体学习器效果越好且它们之间的差异越大时,该集成算法的效果就会越好。由于不稳定的学习算法对于训练集比较敏感,训练集只要产生一些微小的变化,就会导致其预测结果发生很大的改变,所以 Bagging 算法对于不稳定学习算法非常有效。Bagging 算法适合于解决训练集较小的问题,但对于具有大量训练集的问题,其效果就会下降,因此 Breiman 基于 Bagging 设计了 Pasting Small Votes 算法,该算法能够有效地应对数据量较大的机器学习问题。文献对 Bagging 进行了深入的研究,在文献中,作者认为对于弱学习器,Bagging 训练得到的个体学习器是强相关的,因此 Bagging 方法在这种情况下通常表现较差。因为个体学习器的选择能直接改变 Bagging 算法的集成效果,所以周志华等提出了一种基于 Bagging 选择性聚类集成算法,并且张春霞等详细介绍了多种选择性集成学习方法。

　　Boosting 算法是一种将弱学习器转换为强学习器的迭代方法,它通过增加迭代次数,产生一个表现接近完美的强学习器。其中,弱学习器是指分类效果只比随机猜测效果稍好的学习器,即分类准确率略高于 50%。在实际训练中,获得一个弱学习器比获得一个强学习器更加容易。因此,对 Boosting 系列算法的研究意义非凡。对于监督学习,该算法在第一个分类器之后产生的每一个分类器都是针对前一次未被正确分类的样本进行学习,因此该算法可以有效地降低模型的偏差,但随着训练的进行,整体模型在训练集上的准确率不断提高,导致方差变大,不过通过对特征的随机采样可以降低分类模型间的相关性,从而降低模型整体的方差。当主分类器不能被信任,无法对给定对象进行分类时,例如,由于其结果中的置信度低,则将数据输送到辅助分类器,按顺序添加分类器。

12.3　集成学习应用领域

　　时间序列分析、医疗健康和入侵检测三大领域与人们生活息息相关,因此被研究人员广泛关注。但由于这 3 个领域都具有数据维度高、数据结构复杂和特征模糊等特点,难以进行人工分析与处理,因此机器学习方法的引入使得这 3 个领域的研究取得了突破。在各种机器学习方法中,集成学习作为一种可以最大化提升学习效果的技术,推动了诸多领域的快速发展,因此集成学习也被广泛应用于这 3 个领域,并取得了良好的效果。

　　人类做出重大决定前会寻求多种意见来辅助决策,集成学习算法就是模仿这种行为而产生的。20 世纪 70 年代后期,模式识别、统计学和机器学习等学科的研究人员开始对集成学习方法进行研究。随着研究热情不断增长,并且对于集成学习的研究不断深入,多种集成学习方法被提出并被广泛应用于各个领域。集成学习通过结合多个学习器来为各种机器学习问题提供解决方案,其模型能够解决很多单一模型无法解决的问题。由于大部分集成学习算法对基础学习器的类型没有限制,并且它对于诸多成熟的机器学习框架都具有良好的适用性,因此集成学习也被称为无算法的算法。

　　已有集成学习算法还存在很多不足和局限性,例如,若想通过 Bagging 算法取得较好的集成效果,则需要基学习器同时具备高效的学习能力以及高度的数据敏感性。Boosting 算法在训练带有噪声的数据时容易产生过拟合问题。因此集成学习在很多方面还需进一步研究,后续的研究工作可以从以下几个方面展开:① 集成学习结构优化,针对集成学习系统的内部结构和外部结构进行研究,使集成学习系统的性能进一步提高。
② 集成学习模型选择,对集成学习系统中的模型进行选择,将冗余和对结果有负面影响
的模型移除。③ 集成学习模型融合,对于非监督算法,其输出结果较为复杂,适用于监督
式集成学习算法的模型融合策略无法使用。

12.4 应用举例——泰坦尼克号乘客生存预测

12.4.1 问题描述

1912 年 3 月 15 号,泰坦尼克号在首航之时就因撞击冰山而沉没,首航之时的 2 224
名旅客及船员中共有 1 502 名死亡。造成伤亡如此惨重的其中一个原因在于船上没有足
够的救生船让旅客及船员及时逃离。我们知道在沉船中存活下来需要一些幸运因素,但
是有些人对这些人的背景(如性别,舱位,票价,登船地点等)进行调查后发现,幸存与否与
这些因素也有一定的关系。

12.4.2 模型实现

本节实验环境为基于 Python 3.6 的 pandas 和 numpy,GPU 为 NVIDIA GTX 1070,
CPU 为 Intel i7 - 7700HQ。

本模型是利用泰坦尼克号乘客数据集,运用随机森林算法根据乘客的不同变量参数
特征进行学习,最后得出预测是否幸存。

12.4.3 代码实现

1) 导入必要的决策树、随机森林包与泰坦尼克号乘客数据

```
import pandas as pd
import sklearn
from sklearn.model_selection import KFold
from sklearn.model_selection import train_test_split
from sklearn.feature_extraction import DictVectorizer
from sklearn.tree import DecisionTreeClassifier
from sklearn.metrics import classification_report
from sklearn.ensemble import RandomForestClassifier, GradientBoostingClassifier
titanic = pd.read_csv('titanic.txt')
```

2) 选取一些特征作为我们划分的依据

```
x = titanic[['pclass', 'age', 'sex']]
y = titanic['survived']
```

3）填充缺失值

```
x['age'].fillna(x['age'].mean(), inplace= True)
x_train, x_test, y_train, y_test = train_test_split(x, y, test_size = 0.25)
dt = DictVectorizer(sparse = False)
print(x_train.to_dict(orient = "record"))
```

4）将数据整体变换为一个列表，数据的每行形成该列表中的一个字典元素。

```
x_train = dt.fit_transform(x_train.to_dict(orient = "record"))
x_test = dt.fit_transform(x_test.to_dict(orient = "record"))
```

5）使用决策树

```
dtc = DecisionTreeClassifier()
dtc.fit(x_train,y_train)
y_predict= dtc.predict(x_test)
print("决策树的预测结果:")
print(y_predict)
```

6）使用随机森林

```
rfc = RandomForestClassifier()
rfc.fit(x_train,y_train)
y_predict= rfc.predict(x_test)
print("随机森林的预测结果:")
print(y_predict)
# 结果的展示
```

12.4.4　结果分析

预测结果如图 12 - 1 所示。

```
0.790273556231003
              precision    recall   f1-score    support

        died      0.78      0.92      0.84       203
    survived      0.81      0.59      0.68       126

   micro avg      0.79      0.79      0.79       329
   macro avg      0.80      0.75      0.76       329
weighted avg      0.79      0.79      0.78       329

0.7933130699088146
              precision    recall   f1-score    support

        died      0.79      0.91      0.84       203
    survived      0.80      0.61      0.69       126

   micro avg      0.79      0.79      0.79       329
   macro avg      0.80      0.76      0.77       329
weighted avg      0.79      0.79      0.79       329
```

图 12 - 1　预测结果

12.5　本章小结

本章主要介绍了集成学习的由来、背景、优缺点以及主要策略等。然后讲解了集成学习的具体应用场景,最后举了具体案例以及代码实现,展示了如何应用集成学习解决实际问题。

第13章　线性回归

13.1　概述

13.1.1　什么是回归

回归属于有监督学习中的一种方法。该方法的核心思想是从连续型统计数据中得到数学模型,然后将该数学模型用于预测或者分类。回归是由达尔文的表兄弟 Francis Galton 发明的。Galton 于 1877 年完成了第一次回归预测,目的是根据上一代豌豆的种子(双亲)的尺寸来预测下一代豌豆种子(孩子)的尺寸(身高)。Galton 在大量对象上应用了回归分析,甚至包括人的身高。他得到的结论是:如果双亲的高度比平均高度高,他们的子女也倾向于比平均身高高,但尚不及双亲,这里就可以表述为:孩子的身高向着平均身高回归。Galton 在多项研究上都注意到了这一点,并将此研究方法称为回归。图13-1为回归的一个示例:假如你刚刚搬到学校,需要知道在你学校周围房租的情况,可以设计一个数据回归程序,利用房屋离学校的距离以及房屋的房间数来预测该房屋可能需要的房租价格。

13.1.2　什么是线性回归

线性回归(Linear regression)是利用称为线性回归方程的最小平方函数对一个或多个自变量和因变量之间关系进行建模的一种回归分析。线性回归属于监督学习,因此方法和监督学习应该是一样的,先给定一个训练集,根据这个训练集学习得出一个线性函数,然后测试这个函数训练得好不好(即此函数是否足够拟合训练集数据),挑选出最好的函数(cost function 最小)即可。

事实上,限于机器学习时间不久(相比于数学,统计学,生物学等),机器学习很多方法都是来自其他领域,线性回归也不例外,它是来自统计学的一个方法。定义:给定数据集 $D=\{(x_1, y_1), (x_2, y_2), \cdots\}$,我们试图从此数据集中学习得到一个线性模型,这个模型尽可能准确地反映 $x^{(i)}$ 和 $y^{(i)}$ 的对应关系。这里的线性模型,就是属性 x 的线性组合的函数,可表示为

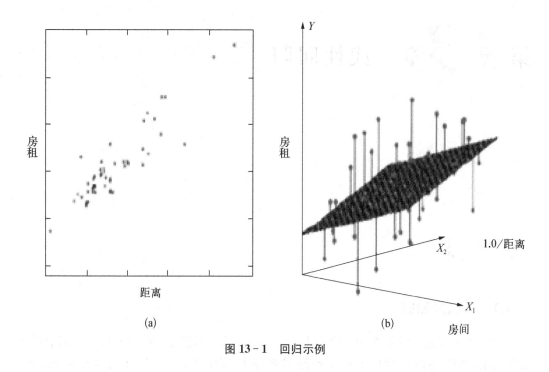

图 13-1 回归示例

$$f(x) = w_1 x_1 + w_2 x_2 + \cdots + w_n x_n + b \qquad (13-1)$$

向量表示为

$$f(x) = \boldsymbol{W}^{\mathrm{T}} x + b \qquad (13-2)$$

其中，$\boldsymbol{W} = (w_1, w_2, \cdots, w_n)$ 表示列向量，这里 $\boldsymbol{W}$ 表示 weight，即权重的意思，表示对应的属性在预测结果的权重，权重越大，对于结果的影响越大，更一般化的表示是 θ，是线性模型的参数，用于计算结果。那么通常的线性回归，就变成了如何求得变量参数的问题，根据求得的参数，我们可以对新的输入来计算预测的值。（也可以用于对训练数据计算模型的准确度）

通俗的理解：$x^{(i)}$ 就是一个个属性（如图 13-1 示例中的房屋离学校的距离，房屋房间数），θ（或者 W，b），就是对应属性的参数（或者权重），我们根据已有数据集来求得属性的参数（相当于求得函数的参数），然后利用模型对新的输入或旧的输入进行预测或者评估。

13.2 基本原理

假设已经找到了最佳拟合的直线方程 $y = ax + b$，则对于每一个样本点 $x^{(i)}$，根据直线方程，预测值为 $\hat{y}^{(i)} = ax^{(i)} + b$，真值为 $y^{(i)}$，显然 $y^{(i)}$ 和 $\hat{y}^{(i)}$ 的差距越小越好。这里，假设差距选用平方差距离,即 $(y^{(i)} - \hat{y}^{(i)})^2$,则对于所有样本,要尽可能使 $\sum\limits_{i=1}^{m} (y^{(i)} - \hat{y}^{(i)})^2$ 最小。由于 $\hat{y}^{(i)}$ 已知,问题就转化为找到 a 和 b,使得 $\sum\limits_{i=1}^{m} (y^{(i)} - ax^{(i)} - b)^2$ 尽可能小。根据最小二乘法的原理,可以得到 a 和 b 的值为

$$a = \frac{\sum\limits_{i=1}^{m} (x^{(i)} - \bar{x})(y^{(i)} - \bar{y})}{\sum\limits_{i=1}^{m} (x^{(i)} - \bar{x})^2}, \ b = \bar{y} - a\bar{x} \qquad (13-3)$$

代价函数(cost function,loss function)在机器学习中的每一种算法中都很重要,因为训练模型的过程就是优化代价函数的过程,代价函数对每个参数的偏导数就是梯度下降中提到的梯度,防止过拟合时添加的正则化项也是加在代价函数后面的。一个好的代价函数需要满足两个最基本的要求:能够评价模型的准确性;对参数 $\boldsymbol{\theta}$ 可微。

假设有训练样本 (x, y),模型为 h,参数为 $\boldsymbol{\theta}$,$h(\boldsymbol{\theta}) = \boldsymbol{\theta}^{\mathrm{T}} x$($\boldsymbol{\theta}^{\mathrm{T}}$ 表示 $\boldsymbol{\theta}$ 的转置)。

(1) 概括来讲,任何能够衡量模型预测出来的值 $h(\boldsymbol{\theta})$ 与真实值 y 之间的差异的函数都可以叫做代价函数 $C(\boldsymbol{\theta})$,如果有多个样本,则可以将所有代价函数的取值求均值,记做 $J(\boldsymbol{\theta})$。

(2) 先确定模型 h,然后训练模型的参数 $\boldsymbol{\theta}$。训练参数的过程就是不断改变 $\boldsymbol{\theta}$,从而得到更小的 $J(\boldsymbol{\theta})$ 的过程。在理想情况下,当我们取到代价函数 J 的最小值时,就得到了最优的参数 $\boldsymbol{\theta}$,记为 $\min\limits_{\boldsymbol{\theta}} J(\boldsymbol{\theta})$;当 $J(\boldsymbol{\theta}) = 0$,表示模型完美地拟合了观察的数据,没有任何误差。

(3) 在优化参数 $\boldsymbol{\theta}$ 的过程中,最常用的方法是梯度下降,这里的梯度就是代价函数 $J(\boldsymbol{\theta})$ 对 $\boldsymbol{\theta}_1$,$\boldsymbol{\theta}_2$,$\cdots$,$\boldsymbol{\theta}_n$ 的偏导数。

通过以上分析,可以总结得出关于代价函数的性质:① 对于每种算法来说,代价函数不是唯一的;② 代价函数是参数 $\boldsymbol{\theta}$ 的函数;③ 总的代价函数 $J(\boldsymbol{\theta})$ 可以用来评估模型的好坏,代价函数越小说明模型和参数越符合训练样本 (x, y);④ $J(\boldsymbol{\theta})$ 是一个标量;⑤ 选择代价函数时,最好挑选对参数 $\boldsymbol{\theta}$ 可微的函数(全微分存在,偏导数一定存在)。

13.3 基本算法

13.3.1 最小二乘法(公式法)

对于数据集 D,需要根据每组输入 (x, y) 来计算出线性模型的参数值。

$$f(x_i) = wx_i + b \qquad f(x_i) \approx y_i \qquad (13-4)$$

要尽量使得 $f(x_i)$ 接近于 y_i，那么问题来了，如何衡量二者的差别？常用的方法是均方误差。均方误差的几何意义就是欧氏距离

$$(w^*, b^*) = \arg\min(w,b) \sum_{i=1}^{m} (f(x_i) - y_i)^2 \tag{13-5}$$

这里的 arg min 是指后面的表达式值在最小时的 (w, b) 取值。事实上这就是大名鼎鼎的最小二乘法(least square method)，关于这个算法的背后还有发明权争论的过程，有兴趣可以自行搜索阅读。那么式(13-5)如何求得参数 w, b 呢？这需要一些微积分的知识。设

$$E(w, b) = \sum_{i=1}^{m} (y_i - wx_i - b)^2 \tag{13-6}$$

其中，E 是关于 (w, b) 的凸函数，只有一个最小值，而 E 在最小值时的 (w, b) 就是我们所要求的参数值，关于凸函数的准确定义可以参考大学的高数课程。对于凸函数 E 关于 w, b 导数都为零时，就得到了最优解。E 对 w 求导

$$\begin{aligned}
\frac{\partial E(w, b)}{\partial w} &= \frac{\partial \sum_{i=1}^{m} (y_i - wx_i - b)^2}{\partial w} \\
&= \frac{\partial \sum_{i=1}^{m} ((y_i - b)^2 + w^2 x_i^2 - 2w(y_i - b)x_i)}{\partial w} \\
&= \sum_{i=1}^{m} (2wx_i^2 - 2(y_i - b)x_i) \\
&= 2\left(w \sum_{i=1}^{m} x_i^2 - \sum_{i=1}^{m} (y_i - b)x_i\right)
\end{aligned} \tag{13-7}$$

E 对 b 求导

$$\begin{aligned}
\frac{\partial E(w, b)}{\partial b} &= \frac{\partial \sum_{i=1}^{m} (y_i - wx_i - b)^2}{\partial b} \\
&= \frac{\partial \sum_{i=1}^{m} ((y_i - wx_i)^2 + b^2 - 2b(y_i - wx_i))}{\partial b} \\
&= \sum_{i=1}^{m} (2b - 2(y_i - wx_i)) \\
&= 2\left(mb - \sum_{i=1}^{m} (y_i - wx_i)\right)
\end{aligned} \tag{13-8}$$

当然这是最简单的部分求导，主要就是平方展开，最终令上面的 2 个导数为 0，即可得到

w，b 的求解公式：

$$w = \frac{\sum\limits_{i=1}^{m} y_i (x_i - \bar{x})}{\sum\limits_{i=1}^{m} x_i^2 - \frac{1}{m} \left(\sum\limits_{i=1}^{m} x_i \right)^2} \tag{13-9}$$

$$b = \frac{1}{m} \sum_{i=1}^{m} (y_i - w x_i) \tag{13-10}$$

其中

$$\bar{x} = \frac{1}{m} \sum_{i=1}^{m} x_i \tag{13-11}$$

$\bar{x}$ 为 x 的平均值，以上是对于输入属性为 1 个的讨论。对于多个属性的讨论，通常这时就引入了矩阵表示，矩阵表示可以很简洁地表示出公式，例如

$$f(x_i) = \boldsymbol{W}^{\mathrm{T}} x_i + b \tag{13-12}$$

将 b 作为 $\boldsymbol{W}$ 的一个参数，那么

$$\hat{\boldsymbol{W}}^* = \arg \min_{\hat{\boldsymbol{W}}} (y - x \boldsymbol{W}^{\mathrm{T}})(y - x \boldsymbol{W}^{\mathrm{T}}) \tag{13-13}$$

然后对 $\hat{\boldsymbol{W}}$ 求导就可以得到矩阵 $\boldsymbol{W}$ 的解

$$\hat{\boldsymbol{W}}^* = (\boldsymbol{x}^{\mathrm{T}} \boldsymbol{x})^{-1} \boldsymbol{x}^{\mathrm{T}} y \tag{13-14}$$

这里面存在一个问题就是矩阵的逆是否存在的问题（非满秩矩阵非正定矩阵时），如果不存在如何处理？AndrewNg 提到了 2 种方法：减少属性个数（d），正则化（regularization）。这就像解方程，等式个数少于未知数个数时，就会解出多组解，上面提到的减少属性个数就是减少未知数个数。上述通过公式求解得到的解称为解析解，也可以通过逼近法进行求解，如下一节介绍的梯度下降法。

13.3.2　梯度下降法

首先什么是梯度，可以参考以下内容：设 f 是 $\boldsymbol{R}^n$ 中区域 D 上的数量场，如果 f 在 $P_0 \in D$ 处可微，称向量 $\left[\dfrac{\partial f}{\partial x_1}, \dfrac{\partial f}{\partial x_2}, \cdots, \dfrac{\partial f}{\partial x_n} \right] |_{P_0}$ 为 f 在 P_0 处的梯度，记做 grand $f(P_0)$。当 grand f 与 l_0 同向时，$\dfrac{\partial f}{\partial l}$ 达到最大，即 f 在 P_0 处的方向导数在其梯度方向上达到最大值，此最大值即梯度的范数 $\| \text{grand} \, f \|$。这就是说，沿梯度方向，函数值增加最快。同样可知，方向导数的最小值在梯度的相反方向取得，此最小值即 $-\| \text{grand} \, f \|$，从而沿梯度相反方向函数值的减少最快。

梯度下降法原理：将函数比作一座山，站在某个山坡上，往四周看，从哪个方向向下走一小步，能够下降最快。

1. 方法

（1）先确定向下一步的步伐大小，称为 Learning rate。

（2）任意给定一个初始值：$\theta_0\ \theta_1$。

（3）确定一个向下的方向，并向下走预先规定的步伐，并更新 $\theta_0\ \theta_1$。

（4）当下降的高度小于某个定义的值，则停止下降。

2. 算法

Repeat until convergence{

$$\theta_j := \theta_j - \alpha\ \frac{\partial}{\partial \theta_j}J(\theta_0,\theta_1)(\text{for j}=0\ \text{and j}=1) \tag{13-15}$$

}

3. 特点

（1）初始点不同，获得的最小值也不同，因此梯度下降求得的值只是局部最小值。

（2）越接近最小值时，下降速度越慢。在式（13-15）中，J 函数在数学、统计学中有大量的应用，也是衡量预测函数 $f(x)$ 精度的函数，同样目标是最小化 J。

$$J(\theta) = \frac{1}{2m}\sum_{i=1}^{m}\ (h_\theta(x^{(i)}) - y^{(i)})^2 \tag{13-16}$$

注意到其中的参数 $1/2m$，这个参数是可以简化部分求导（消掉 $2m$）。除了参数外，其他部分与解析解部分是完全相同的（事实上，解析解部分的公式也是 cost function）。

梯度下降法能够求出一个函数的最小值，线性回归需要求出 θ_0 和 θ_1 使得 cost function 的值最小，因此能够对 cost function 运用梯度下降，即将梯度下降与线性回归进行整合，如下所示。

Gradient descent algorithm Repeat until convergence{	Linear Regression Model
$\theta_j := \theta_j - \alpha\ \frac{\partial}{\partial \theta_j}J(\theta_0,\theta_1)$	$h_\theta(x) = \theta_0 + \theta_1 x$
(for j = 1 and j= 0) }	$J(\theta_0,\theta_1) = \frac{1}{2m}\sum_{i=1}^{m}\ (h_\theta(x^{(i)}) - y^{(i)})^2$

$\downarrow$

Repeat until convergence{

$$\theta_0 := \theta_0 - \alpha\ \frac{1}{m}\sum_{i=1}^{m}(h_\theta(x^{(i)}) - y^{(i)})$$

$$\theta_1 := \theta_1 - \alpha\ \frac{1}{m}\sum_{i=1}^{m}(h_\theta(x^{(i)}) - y^{(i)})x^{(i)}$$

}

13.3.3 方法选择

解析解和逼近法该如何选择,虽然解析解的优点是显而易见的,例如无须选择学习速率 α,无须循环;缺点是要有复杂的矩阵运算(转置矩阵,逆矩阵等),复杂度比较高 $O(n\textasciicircum3)$,相较而言,梯度下降则是 $O(d*n\textasciicircum2)$。Andrew Ng 提到 $n<10\,000$,大致可以用解析解,$n>10\,000$ 则可以用梯度下降。

13.4 应用举例——溶解氧预测

13.4.1 问题描述

溶解氧(dissolved oxygen,DO)在水体中的含量能够反映出水体的污染程度、生物的生长状况,是衡量水质优劣的重要指标之一,国内外相关文献表明溶解氧的含量受到多种因素的影响,如水温、pH 值、生物种类等,同时直接或者间接影响着养殖生物的生长。在本例中,将研究水温(TEMP)、酸碱度(pH)、氧化还原定位(ORP)、盐度(SAL)、浊度(TDS)、海水比重(SSG)和溶解氧之间的关系。

13.4.2 模型设计

本节实验环境为基于 Python 3.6 的 pandas、numpy 和 sklearn,GPU 为 NVIDIA GTX 1070,CPU 为 Intel i7 - 7700HQ。

本模型使用 PyCharm 集成开发环境创建 Python 程序,搭建线性回归模型预测溶解氧和水温(TEMP)、酸碱度(pH)、氧化还原定位(ORP)、盐度(SAL)和海水比重(SSG)的关系。使用已训练回归器对测试集中的溶解氧进行预测,分析预测结果的均方误差和平均绝对误差,并使用 matplotlib 对预测结果和实际溶解氧进行可视化展示。

13.4.3 代码实现

1) 导入需要的函数库

```
from sklearn.linear_model import LinearRegression
from sklearn.preprocessing import StandardScaler
from sklearn.model_selection import train_test_split
from sklearn.metrics import mean_squared_error
import pandas as pd
import matplotlib.pyplot as plt
```

2) 加载数据集

```
data = pd.read_excel('水质数据.xlsx')
y = data['溶解氧'].values
x = data.drop('溶解氧', axis= 1)
x_train, x_test, y_train, y_test = train_test_split(x, y, test_size= 0.2)
```

3）标准化处理

```
std_x = StandardScaler()
x_train = std_x.fit_transform(x_train)
x_test = std_x.transform(x_test)
```

4）估计器流程

```
lr = LinearRegression()
lr.fit(x_train, y_train)
y_lr_predict = lr.predict(x_test)
print("Lr 预测值: ", y_lr_predict)
```

5）结果可视化

```
plt.plot(y_test, 'r', label = 'true_data')
plt.plot(y_lr_predict, 'b', label = 'predict')
plt.legend()
plt.show()
```

6）模型评估结果

```
print("lr 的均方误差为: ", mean_squared_error(y_test, y_lr_predict))
```

13.4.4 结果分析

预测结果如图 13－2 所示。

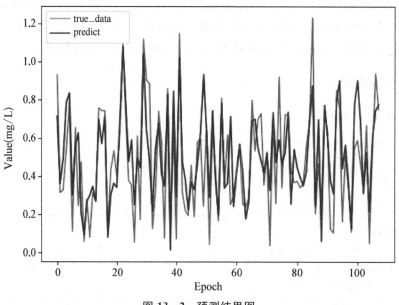

图 13－2 预测结果图

13.5　本章小结

　　本章主要介绍了回归和线性回归的基本内容,然后对线性回归的内容进行了详细的介绍。从基本原理(包括代价函数)到基本算法(最小二乘算法和梯度下降法),以及对两种算法的选择场景进行了说明。此外,还通过溶解氧预测的案例让读者更加容易理解线性回归解决实际问题。

第 *14* 章 逻辑回归

14.1 概述

14.1.1 什么是逻辑回归

逻辑回归(logistic regression)也被称为广义线性回归模型,它与线性回归模型的形式基本相同,都具有 $ax+b$,其中 a 和 b 是待求参数。区别在于它们的因变量不同,多重线性回归直接将 $ax+b$ 作为因变量,即 $y=ax+b$,而逻辑回归则通过函数 sigmoid 将 $ax+b$ 对应到一个隐状态 p,$p=\mathrm{sigmoid}(ax+b)$,然后根据 p 与 $1-p$ 的大小决定因变量的值。逻辑回归模型是一个非线性模型,sigmoid 函数,又称逻辑回归函数。但是它本质上又是一个线性回归模型,因为除去 sigmoid 映射函数关系,其他的步骤、算法都与线性回归一样。可以说,逻辑回归都是以线性回归为理论支撑。只不过,线性模型无法做到 sigmoid 的非线性形式,sigmoid 可以轻松处理 0/1 分类问题。

14.1.2 逻辑回归过程

首先,找一个合适的预测函数,一般表示为 h 函数,该函数就是需要找的分类函数,它用来预测输入数据的判断结果。然后,构造一个 cost 函数(损失函数),该函数表示预测的输出 h 与训练数据类别 y 之间的偏差,可以是二者之间的差 $(h-y)$ 或者是其他的形式。综合考虑所有训练数据的"损失",将 cost 函数求和或者求平均,记为 $J(\theta)$,表示所有训练数据预测值与实际类别的偏差。最后,$J(\theta)$ 函数的值越小表示预测函数越准确(即 h 函数越准确),所以这一步需要找到 $J(\theta)$ 函数的最小值。可使用梯度下降法实现逻辑回归。

14.1.3 二分类问题

二分类问题是指预测的 y 值只有两个取值(0 或 1),二分类问题可以扩展到多分类问题。例如:我们要做一个垃圾邮件过滤系统,预测的 y 值就是邮件的类别,是垃圾邮件还是正常邮件。对于类别我们通常称为正类(positive class)和负类(negative class),在垃圾邮件的例子中,正类就是正常邮件,负类就是垃圾邮件。常见的二分类问题有:垃圾邮件分类、肿瘤诊断、癌症诊断、金融欺诈等。

14.2 基本原理

对于二分类，结果只有 $y=0\mid1$ 两种，可以使用阶跃函数来描述其输出

$$h(x)=\begin{cases}1,&P\geqslant0.5\\0,&P<0.5\end{cases}\tag{14-1}$$

由于这个函数不连续，所以通常我们使用某个连续函数使得 $h(x)$ 结果位于 0 和 1 之间，而我们通常选用的就是 sigmoid 函数，也叫 logistic 函数（这也就是为什么叫 logistic regression 的原因）。

如图 14-1 所示，从 sigmoid 函数的曲线可以看到当 x 趋近于负无穷时，$h(x)$ 趋近于 0；当 x 趋近于正无穷时，$h(x)$ 趋近于 1。在 x 超出 $[-6,6]$ 的范围后，函数值基本上没有变化，在应用中一般不考虑。

$$\mathrm{sigmoid}(x)=\frac{1}{1+\mathrm{e}^{-x}}\tag{14-2}$$

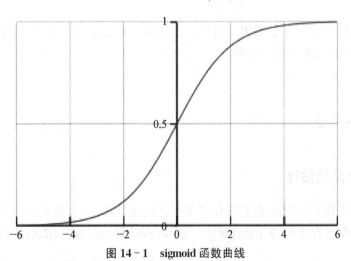

图 14-1 sigmoid 函数曲线

根据线性回归中的函数，我们进行 sigmoid 变换即可得到 logistic regression 函数

$$h_\theta(x)=\mathrm{sigmoid}(\boldsymbol{\theta}^\mathrm{T}x)=\frac{1}{1+\mathrm{e}^{-\boldsymbol{\theta}^\mathrm{T}x}}\tag{14-3}$$

此时，离散的问题化解为连续的线性回归（注意 classification 的结果是离散的，而这里经过 sigmoid 变换后的结果是连续的）。

进行变换后可得到

$$\ln\frac{y}{1-y}=\boldsymbol{\theta}^\mathrm{T}x\tag{14-4}$$

从直观的角度来理解 y(也就是 $h(x)$)如果作为正例的概率,那么 $1-y$ 就是反例的概率,两者的比率 $y/(1-y)$ 就是正反例的比值,反映了 x 作为正例的相对可能性,取对数则得到"对数几率"(log odds,logit),而等式右边是线性回归模型的函数,所以 logistic 回归就是在用线性回归的预测结果去逼近真实标记的对数几率。根据概率我们可以将等式替换为

$$\ln \frac{p(y=1 \mid x)}{p(y=0 \mid x)} = \boldsymbol{\theta}^{\mathrm{T}} x \tag{14-5}$$

根据 $P(y=1 \mid x) + P(y=0 \mid x) = 1$ 有

$$p(y=1 \mid x) = \frac{\mathrm{e}^{\boldsymbol{\theta}^{\mathrm{T}} x}}{1+\mathrm{e}^{\boldsymbol{\theta}^{\mathrm{T}} x}} \tag{14-6}$$

$$p(y=0 \mid x) = \frac{1}{1+\mathrm{e}^{\boldsymbol{\theta}^{\mathrm{T}} x}} \tag{14-7}$$

接下来就要用极大似然法(maximum likelihood estimation)来估计参数 $\boldsymbol{\theta}$ 的值。

$$L(\boldsymbol{\theta}) = \sum_{i=1}^{m} (-y_i \boldsymbol{\theta}^{\mathrm{T}} x_i + \log(1+\mathrm{e}^{\boldsymbol{\theta}^{\mathrm{T}} x_i})) \tag{14-8}$$

那么 arg max $L(\boldsymbol{\theta})$ 即可求出 $\boldsymbol{\theta}$(因为是凸函数,必定存在最优解),可以通过(linear regression)类似的梯度下降法求解。

14.3 基本算法

14.3.1 极大似然估计

极大似然的核心思想是如果现有样本可以代表总体,那么极大似然估计就是找到一组参数使得出现现有样本的可能性最大。已知逻辑回归表达式写成对数几率的形式为

$$z = \boldsymbol{W}^{\mathrm{T}} x = \log\left(\frac{P}{1-P}\right) \tag{14-9}$$

在已知结果的情况下,求系数 ω,可以先把先验概率 $p(y)$ 写为后验概率估计 $p(y^{(i)} \mid x^{(i)})$,其中 i 为样本序号,$i \in [1, m]$(即,在 y 类型已知的情况下 x 符合模型的概率),统计学界的频率学派认为每个事件的概率是一个客观存在的常数值,这是进行接下来推导的前提,所以有

$$P(y) = P(y^{(i)} \mid x^{(i)}) \tag{14-10}$$

根据这个结论改写

$$\boldsymbol{W}^{\mathrm{T}}x = \log\left(\frac{P}{1-P}\right) \tag{14-11}$$

为

$$\boldsymbol{W}^{\mathrm{T}}x = \log\left(\frac{P(y^{(i)}=1 \mid x^{(i)})}{P(y^{(i)}=0 \mid x^{(i)})}\right) \tag{14-12}$$

所以有

$$P(y^{(i)}=1 \mid x^{(i)}) = \frac{e^{\boldsymbol{W}^{\mathrm{T}}x}}{1+e^{\boldsymbol{W}^{\mathrm{T}}x}}$$

$$P(y^{(i)}=0 \mid x^{(i)}) = \frac{1}{1+e^{\boldsymbol{W}^{\mathrm{T}}x}} \tag{14-13}$$

我们要求的就是所有样本数据的后验概率

$$P(y^{(i)} \mid x^{(i)}) \tag{14-14}$$

最大的情况下参数 W 的取值。如果每个数据点都是独立于其他数据点生成的,即事件(即生成数据的过程)是独立的,那么观察所有数据的总概率就是单独观察到每个数据点的概率的乘积(即边缘概率的乘积)。

概率的连乘积的表达式如下式

$$\prod_{i=1}^{m} P(y^{(i)}=1 \mid x^{(i)}) \cdot P(y^{(i)}=0 \mid x^{(i)}) =$$
$$\prod_{i=1}^{m} P(y^{(i)}=1 \mid x^{(i)})^{(y^{(i)})} \cdot P(y^{(i)}=0 \mid x^{(i)})^{(1-y^{(i)})} \tag{14-15}$$

可以看出当真实值

$$y^{(i)}=1 \tag{14-16}$$

式(14-16)等于

$$P(y^{(i)}=1 \mid x^{(i)}) \tag{14-17}$$

当

$$y^{(i)}=0 \tag{14-18}$$

时,式(14-18)等于

$$P(y^{(i)}=0 \mid x^{(i)}) \tag{14-19}$$

所有样本边缘概率的连乘积,通常被称为似然函数 $L(W)$。为简洁书写,令

$$P(y^{(i)}=1 \mid x^{(i)}) = h_W(x^{(i)}) \tag{14-20}$$

似然函数写为

$$L(W) = \prod_{i=1}^{m} (h_W(x^{(i)}))^{y^{(i)}} \cdot (1 - h_W(x^{(i)}))^{1-y^{(i)}} \tag{14-21}$$

14.3.2 梯度下降法

最大似然估计的目标是求似然函数 $L(W)$（所有样本出现的总概率）最大时，对应的参数 W 的组合，而希望构造一个代价函数（cost function）来衡量我们在某组参数下预估的结果和实际结果的差距，当代价函数值最小的时候，相应的参数 W 就是最优解，即求 $l(W) = -L(W)$ 的最小值。梯度下降算法是调整参数 W 的组合，使代价函数，取最小值的最基本方法之一。从直观上理解，就是在碗状结构的凸函数上，取一个初始值，然后挪动这个值，一步步靠近最低点的过程，如图 14-2 所示。

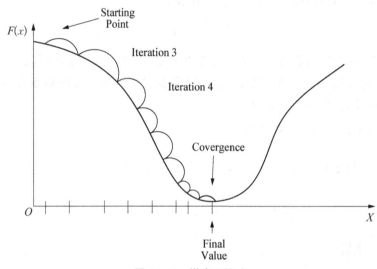

图 14-2 梯度下降法

运用梯度下降算法求解，要求代价函数是凸函数（为碗状），因为凸函数具有良好的性质（对于凸函数来说局部最小值点即为全局最小值点），根据这个性质，在求解时一般会将非凸函数转换为凸函数进行求解。而极大似然法得到的函数为非凸函数，因此要对最大似然函数，采用对数变换转换为对数似然函数

$$\log(l(W)) = -\sum_{i=1}^{m} \left[y^{(i)} \log h_W(x^{(i)}) + (1 - y^{(i)}) \log(1 - h_W(x^{(i)})) \right] \tag{14-22}$$

又因为 $\log(l(W))$ 是对所有样本求得的对数似然函数，而代价函数希望可以描述一个样本，所以需要对 $\log(l(W))$ 取平均值，所以定义逻辑回归的代价函数为

$$J(W) = -\frac{1}{m} \sum_{i=1}^{m} \left[y^{(i)} \log h_W(x^{(i)}) + (1 - y^{(i)}) \log(1 - h_W(x^{(i)})) \right] \tag{14-23}$$

从代价函数的直观表达上来看,当

$$y^{(i)} = 1, h_W(x^{(i)}) = 1 \qquad (14-24)$$

时(预测类别和真实类别相同),

$$J(W \mid x^{(i)}) = 0 \qquad (14-25)$$

当

$$y^{(i)} = 1, h_W(x^{(i)}) \to 0 \qquad (14-26)$$

时(预测类别和真实类别相反),

$$J(W \mid x^{(i)}) \to \infty \qquad (14-27)$$

(注意对数函数前有个负号)。这意味着,当预测结果和真实结果越接近时,预测产生的代价越小,当预测结果和真实结果完全相反时,预测会产生很大的惩罚。该理论同样适用于

$$y^{(i)} = 0 \qquad (14-28)$$

代价函数(cost function)也被称为损失函数或目标函数。在求解时,为了找到最小值点,可分为两个步骤操作:步骤 1,找到下降速度最快的方向(导函数/偏导方向);步骤 2,朝这个方向迈进一小步,再重复步骤 1、2,直至最低点。

针对步骤 1 通过 $J(W)$ 对 w_j 的一阶导数来找下降方向 g

$$g = \frac{\partial J(W)}{\partial w_j}$$

$$= \sum_{i=1}^{m} \frac{y^{(i)}}{h_W(x^{(i)})} h_W(x^{(i)})(1 - h_W(x^{(i)}))(-x_j^{(i)}) + \qquad (14-29)$$

$$(1 - y^{(i)}) \frac{1}{1 - h_W(x^{(i)})} h_W(x^{(i)})(1 - h_W(x^{(i)}))x_j^{(i)}$$

$$= \sum_{i=1}^{m} (y^{(i)} - h_W(x^{(i)}))x_j^{(i)}$$

针对步骤 2 以迭代的方式来实现,迭代方式为 $w_j^{(k+1)} = w_j^{(k)} - \alpha g$,$\alpha$ 表示步长,k 为迭代次数,则梯度下降法的迭代表达式为

$$w_j = w_j + \alpha \sum_{i=1}^{m} (y^{(i)} - h_W(x^{(i)}))x_j^{(i)} \qquad (14-30)$$

对于某个样本 $y^{(i)}$ 来说,参数 w_j 的表达式为

$$w_j = w_j + \alpha(y^{(i)} - h_\omega(x^{(i)}))x_j^{(i)} \qquad (14-31)$$

对于多类分类(multiclass classification)可以通过一对多(One vs. All,或者叫 One vs. Rest)算法来转换为二元分类(binary classification)按照上面的方法来处理,最终可以输出一个一维数组(通常只有一个值为 1,其他为 0)。

14.4 应用举例——鸢尾花分类

14.4.1 问题描述

Iris 也称鸢尾花卉数据集,是常用的分类实验数据集,由 R. A. Fisher 于 1936 年收集整理。其中包含 3 种植物种类,分别是山鸢尾(setosa)、变色鸢尾(versicolor)和维吉尼亚鸢尾(virginica),每类 50 个样本,共 150 个样本。

该数据集包含 4 个特征变量,1 个类别变量。Iris 每个样本都包含了 4 个特征:花萼长度、花萼宽度、花瓣长度、花瓣宽度及 1 个类别变量(label)。需要建立一个分类器,分类器可以通过这 4 个特征来预测鸢尾花卉是属于山鸢尾、变色鸢尾还是维吉尼亚鸢尾。其中有一个类别是线性可分的,其余两个类别为线性不可分,这在最后的分类结果绘制图中可观察到。

14.4.2 模型设计

本节实验环境为基于 Python 3.6 的 pandas、numpy 和 sklearn,GPU 为 NVIDIA GTX 1070,CPU 为 Intel i7 - 7700HQ。

本模型使用 PyCharm 集成开发环境创建 Python 程序,搭建并训练逻辑回归分类器处理鸢尾花分类问题。使用已训练的分类器对测试集中的鸢尾花数据进行分类,并对分类结果进行多性能指标评估。首先,将数据集按照 8∶2 的比例分成训练集和测试集;然后,用训练集训练构造模型;最后再用测试集评估模型的性能。

14.4.3 代码实现

1) 导入需要的函数库

```
from sklearn.model_selection import train_test_split
from sklearn.datasets import load_iris
from sklearn.linear_model import LogisticRegression
from sklearn import metrics
from sklearn.preprocessing import StandardScaler
```

2) 导入鸢尾花数据集

```
iris = load_iris()
X = iris.data[:, :4]          # 获取特征数据
Y = iris.target              # 获取标签数据
```

3) 数据预览

```
print(iris.data)
print(iris.target)
```

4）数据划分

```
x_train, x_test, y_train, y_test = train_test_split(X, Y, test_size = 0.2,
shuffle = True)
```

5）归一化处理

```
std_x = StandardScaler()
x_train = std_x.fit_transform(x_train)
x_test = std_x.transform(x_test)
```

6）模型构造与训练

```
lr = LogisticRegression(penalty = 'l2', solver = 'newton-cg', multi_class =
'multinomial')
lr.fit(x_train, y_train)
```

7）模型预测

```
y_hat = lr.predict(x_test)
accuracy = metrics.accuracy_score(y_test, y_hat)
print("测试集准确率：%.3f" % accuracy)
```

8）性能评估

```
target_names = ['setosa', 'versicolor', 'virginica']
print(metrics.classification_report(y_test, y_hat, target_names= target_names))
```

14.4.4　结果分析

图 14-3 表示模型在测试集上的预测性能。

	precision	recall	f1-score	support
setosa	1.00	1.00	1.00	7
versicolor	0.90	1.00	0.95	9
virginica	1.00	0.93	0.96	14
accuracy			0.97	30
macro avg	0.97	0.98	0.97	30
weighted avg	0.97	0.97	0.97	30

图 14-3　模型性能评估

14.5　本章小结

　　本章首先对逻辑回归的基本概念及逻辑回归的主要应用进行了介绍；然后，对其基本原理进行详细阐述，并对两种算法（极大似然估计和梯度下降法）在逻辑回归中的应用进行了理论推导；最后，通过一个经典的鸢尾花分类案例介绍如何运用逻辑回归解决实际问题，使读者可以通过这个例子更加深入地理解逻辑回归的应用。

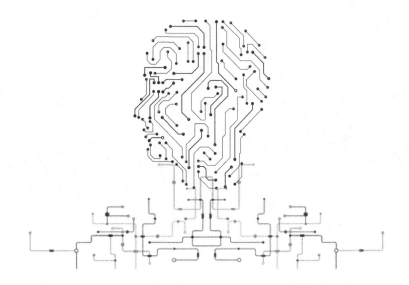

无监督学习经典模型篇

第 *15* 章　无监督学习

15.1　概述

在无监督学习(unsupervised learning)中,训练样本的标记信息是未知的,目标是通过对无标记训练样本的学习来揭示数据的内在性质及规律,为进一步数据分析提供基础。此类学习任务中研究最多、应用最广的是聚类(clustering)。同时,常见的无监督学习任务还有密度估计(density estimation)、异常检测(anomaly detection)等。

15.2　聚类及其性能度量

聚类试图将数据集中的样本划分为若干个通常是不相交的子集,每个子集称为一个簇(cluster)。通过这样的划分,每个簇可能对应于一些潜在的概念(类别)。需说明的是,这些概念对聚类算法而言事先是未知的,聚类过程仅能自动形成簇结构,簇所对应的概念语义需由使用者来把握和命名。

假定样本集 $D = \{x_1, x_2, \cdots, x_m\}$ 包含 m 个无标记样本,每个样本 $x_i = (x_{i1}, x_{i2}, \cdots, x_{in})$ 是一个 n 维特征向量,则聚类算法将样本集 D 划分为 k 个不相交簇 $\{C_l \mid l=1, 2, \cdots, k\}$,其中 $C_{l'} \bigcap_{l' \neq l} C_l = \varnothing$ 且 $D = \bigcup_{l=1}^{k} C_l$。相应地,用 $\lambda_j \in \{1, 2, \cdots, k\}$ 表示样本 x_j 的簇标记(cluster label),即 $x_i \in C_{\lambda_j}$。于是,聚类的结果可用包含 m 个元素的簇标记向量 $\lambda = (\lambda_1, \lambda_2, \cdots, \lambda_m)$ 表示。

聚类既能作为一个单独过程,用于寻找数据内在的分布结构,也可作为分类等其他学习任务的前驱过程。例如,在一些商业应用中需对新用户的类型进行判别,但定义用户类型对商家来说却可能不太容易,此时往往可先对用户数据进行聚类,根据聚类结果将每个簇定义为一个类,然后再基于这些类训练分类模型,用于判别新用户的类型。

聚类性能度量亦称聚类有效性指标(validity index)。与监督学习中的性能度量作用相似,对聚类结果,需通过某种性能度量来评估其好坏;另一方面,若明确了最终将要使用的性能度量,则可直接将其作为聚类过程的优化目标,从而更好地得到符合要求的聚类

人工智能应用与开发

结果。

聚类是将样本集 D 分为若干互不相交的子集，即样本簇。直观上希望物以类聚，即同一簇的样本尽可能彼此相似，不同簇的样本尽可能不同。换言之，聚类结果的簇内相似度(intra-cluster similarity)高且簇间相似度(inter-cluster similarity)低。

聚类性能度量大致有两类。一类是将聚类结果与某个参考模型(reference model)进行比较，称为外部指标(external index)；另一类是直接考察聚类结果而不利用任何参考模型，称为内部指标(internal index)。

针对数据集 $D=\{\boldsymbol{x}_1, \boldsymbol{x}_2, \cdots, \boldsymbol{x}_m\}$，假定通过聚类给出的簇划分为 $C=\{C_1, C_2, \cdots, C_k\}$，参考模型给出的簇划分为 $C^*=\{C_1^*, C_2^*, \cdots, C_k^*\}$。相应地，令 $\boldsymbol{\lambda}$ 与 $\boldsymbol{\lambda}^*$ 分别表示与 C 和 C^* 对应的簇标记向量。我们将样本两两配对考虑，定义

$$a=|SS|, SS=\{(\boldsymbol{x}_i, \boldsymbol{x}_j)\mid \boldsymbol{\lambda}_i=\boldsymbol{\lambda}_j, \boldsymbol{\lambda}_i^*=\boldsymbol{\lambda}_j^*, i<j\} \tag{15-1}$$

$$b=|SD|, SD=\{(\boldsymbol{x}_i, \boldsymbol{x}_j)\mid \boldsymbol{\lambda}_i=\boldsymbol{\lambda}_j, \boldsymbol{\lambda}_i^*\neq\boldsymbol{\lambda}_j^*, i<j\} \tag{15-2}$$

$$c=|DS|, DS=\{(\boldsymbol{x}_i, \boldsymbol{x}_j)\mid \boldsymbol{\lambda}_i\neq\boldsymbol{\lambda}_j, \boldsymbol{\lambda}_i^*=\boldsymbol{\lambda}_j^*, i<j\} \tag{15-3}$$

$$d=|DD|, DD=\{(\boldsymbol{x}_i, \boldsymbol{x}_j)\mid \boldsymbol{\lambda}_i\neq\boldsymbol{\lambda}_j, \boldsymbol{\lambda}_i^*\neq\boldsymbol{\lambda}_j^*, i<j\} \tag{15-4}$$

其中集合 SS 包含了在 C 中隶属于相同簇且在 C^* 也隶属于相同簇的样本对，集合 SD 包含了在 C 中隶属于相同簇但在 C^* 中隶属于不同簇的样本对，由于每个样本对 $(\boldsymbol{x}_i, \boldsymbol{x}_j)$，$i<j$ 仅能出现在一个集合中，因此有 $a+b+c+d=m(m-1)/2$ 成立。

基于式(15-1)～(15-4)可导出下面这些常用的聚类性能度量外部指标：

Jaccard 系数(jaccard coefficient，JC)

$$JC=\frac{a}{a+b+c} \tag{15-5}$$

FM 指数(Fowlkes and Mallows index，FMI)

$$FMI=\sqrt{\frac{a}{a+b}\cdot\frac{a}{a+c}} \tag{15-6}$$

Rand 指数(Rand index，RI)

$$RI=\frac{2(a+d)}{m(m-1)} \tag{15-7}$$

显然，上述性能度量的结果值均在 $[0,1]$ 区间，值越大越好。

考虑聚类结果的簇划分 $C=\{C_1, C_2, \cdots, C_k\}$，定义

$$avg(C)=\frac{2}{|C|(|C|-1)}\sum_{1\leqslant i<j\leqslant|C|} dist(\boldsymbol{x}_i, \boldsymbol{x}_j) \tag{15-8}$$

$$diam(C)=\max_{1\leqslant i<j\leqslant|C|} dist(\boldsymbol{x}_i, \boldsymbol{x}_j) \tag{15-9}$$

$$d_{\min}(C_i,\,C_j)=\min_{x_i\in C_i,\,x_j\in C_j}\mathrm{dist}(\boldsymbol{x}_i,\boldsymbol{x}_j) \tag{15-10}$$

$$d_{\mathrm{cen}}(C_i,\,C_j)=\mathrm{dist}(\mu_i,\,\mu_j) \tag{15-11}$$

其中，dist $(\cdot,\cdot)$ 用于计算两个样本之间的距离；μ 代表簇 C 的中心点 $\mu=\dfrac{1}{|C|}\sum_{1\leqslant i\leqslant|C|}x_i$。显然，avg$(C)$ 对应于簇 C 内样本间的平均距离，diam(C) 对应于簇 C 内样本间的最远距离，$d_{\min}(C_i,\,C_j)$ 对应于簇 C_i 与簇 C_j 最近样本间的距离，$d_{\mathrm{cen}}(C_i,\,C_j)$ 对应于簇 C_i 与簇 C_j 中心点间的距离。

基于式(15-8)～(15-11)可导出下面这些常用的聚类性能度量内部指标。

DB 指数(Davies-Bouldin Index，DBI)

$$\mathrm{DBI}=\frac{1}{k}\sum_{i=1}^{k}\max_{j\neq i}\left(\frac{\mathrm{avg}(C_i)+\mathrm{avg}(C_j)}{d_{\mathrm{cen}}(\mu_i,\mu_j)}\right) \tag{15-12}$$

Dunn 指数(Dunn Index，DI)

$$\mathrm{DI}=\min_{1\leqslant i\leqslant k}\left\{\min_{j\neq i}\left(\frac{d_{\min}(C_i,\,C_j)}{\max_{1\leqslant l\leqslant k}\mathrm{diam}(C_l)}\right)\right\} \tag{15-13}$$

显然，DBI 的值越小越好，而 DI 则相反，值越大越好。

15.3　距离计算

函数 dist$(\cdot,\cdot)$，若它是一个距离度量(distance measure)，则需满足一些基本性质

非负性
$$\mathrm{dist}(\boldsymbol{x}_i,\,\boldsymbol{x}_j)\geqslant 0 \tag{15-14}$$

同一性
$$\mathrm{dist}(\boldsymbol{x}_i,\,\boldsymbol{x}_j)=0 \text{ 当且仅当 } \boldsymbol{x}_i=\boldsymbol{x}_j \tag{15-15}$$

对称性
$$\mathrm{dist}(\boldsymbol{x}_i,\,\boldsymbol{x}_j)=\mathrm{dist}(\boldsymbol{x}_j,\,\boldsymbol{x}_i) \tag{15-16}$$

直递性
$$\mathrm{dist}(\boldsymbol{x}_i,\,\boldsymbol{x}_j)\leqslant \mathrm{dist}(\boldsymbol{x}_i,\,\boldsymbol{x}_k)+\mathrm{dist}(\boldsymbol{x}_k,\,\boldsymbol{x}_j) \tag{15-17}$$

给定样本 $\boldsymbol{x}_i=(x_{i1},\,x_{i2},\,\cdots,\,x_{in})$ 与 $\boldsymbol{x}_j=(x_{j1},\,x_{j2},\,\cdots,\,x_{jn})$，最常用的是闵可夫斯基距离(Minkowski distance)

$$\mathrm{dist}_{\mathrm{mk}}(\boldsymbol{x}_i,\,\boldsymbol{x}_j)=\left(\sum_{u=1}^{n}|x_{iu}-x_{ju}|^p\right)^{\frac{1}{p}} \tag{15-18}$$

对 $p \geqslant 1$，式(15-18)显然满足式(15-14)～(15-17)的距离度量基本性质。

$p=2$ 时，闵可夫斯基距离即欧氏距离

$$\mathrm{dist}_{ed}(\boldsymbol{x}_i, \boldsymbol{x}_j) = \| \boldsymbol{x}_i - \boldsymbol{x}_j \|_2 = \sqrt{\sum_{u=1}^{n} | x_{iu} - x_{ju} |^2} \tag{15-19}$$

$p=1$ 时，闵可夫斯基距离即曼哈顿距离

$$\mathrm{dist}_{man}(\boldsymbol{x}_i, \boldsymbol{x}_j) = \| \boldsymbol{x}_i - \boldsymbol{x}_j \|_1 = \sum_{u=1}^{n} | x_{iu} - x_{ju} | \tag{15-20}$$

常将属性划分为连续属性(continuous attribute)和离散属性(categorical attribute)两种，前者在定义域上有无穷多个可能的取值，后者在定义域上是有限个取值。然而，在讨论距离计算时，属性上是否定义了序关系更为重要。例如，定义域为$\{1, 2, 3\}$的离散属性与连续属性的性质更接近一些，能直接在属性值上计算距离 1 与 2 比较接近，与 3 比较远，这样的属性称为有序属性(ordinal attribute)；而定义域为$\{$飞机，火车，轮船$\}$这样的离散属性则不能直接在属性值上计算距离，称为无序属性(non-ordinal attribute)。显然，闵可夫斯基距离可用于有序属性。

对无序属性可采用 VDM(value difference metric)。令 $m_{u, a}$ 表示在属性 u 上取值为 a 的样本数，$m_{u, a, i}$ 表示在第 i 个样本簇中在属性 u 上取值为 a 的样本数，k 为样本簇数，则属性 u 上两个离散值 a 与 b 之间的 VDM 距离为

$$\mathrm{VDM}_p(a, b) = \sum_{i=1}^{k} \left| \frac{m_{u, a, i}}{m_{u, a}} - \frac{m_{u, b, i}}{m_{u, b}} \right|^p \tag{15-21}$$

于是，将闵可夫斯基距离和 VDM 结合即可处理混合属性。假定有 n_c 个有序属性、$n - n_c$ 个无序属性，不失一般性，令有序属性排列在无序属性之前，则

$$\mathrm{Minkov VDM}_p(\boldsymbol{x}_i, \boldsymbol{x}_j) = \left(\sum_{u=1}^{n_c} | x_{iu} - x_{ju} |^p + \sum_{u=n_c+1}^{n} \mathrm{VDM}_p(x_{iu}, x_{ju}) \right)^{\frac{1}{p}}$$

$$\tag{15-22}$$

当样本空间中不同属性的重要性不同时，可使用加权距离(weighted distance)。以加权闵可夫斯基距离为例：

$$\mathrm{dist}_{wmk}(\boldsymbol{x}_i, \boldsymbol{x}_j) = (w_1 * | x_{i1} - x_{j1} |^p + \cdots + w_n * | x_{in} - x_{jn} |^p)^{\frac{1}{p}}$$

$$\tag{15-23}$$

其中权重 $w_i \geqslant 0 (i=1, 2, \cdots, n)$ 用于表征不同属性的重要性，通常 $\sum_{i=1}^{n} w_i = 1$。

需注意的是，通常是基于某种形式的距离来定义相似度度量(similarity measure)，距离越大，相似度越小。然而，用于相似度度量的距离未必一定要满足距离度量的所有基本性质。此外，本节介绍的距离计算式都是事先定义好的，但在不少现实任务中，有必要基

于数据样本来确定合适的距离计算式,这可通过距离度量学习来实现。

15.4 k 均值算法

原型聚类亦称基于原型的聚类(prototype-based clustering),此类算法假设聚类结构能通过一组原型刻画,在现实聚类任务中极为常用。通常情形下,算法先对原型进行初始化,然后对原型进行迭代更新求解。采用不同的原型、不同的求解方式将产生不同的算法。k 均值算法为典型的原型聚类算法。

给定样本集 $D = \{x_1, x_2, \cdots, x_m\}$,"$k$ 均值"(k-means)算法针对聚类所得簇划分 $C = \{C_1, C_2, \cdots, C_k\}$ 最小化平方误差

$$E = \sum_{i=1}^{k} \sum_{x \in C_i} \| x - u_i \|_2^2 \tag{15-24}$$

其中,$u_i = \frac{1}{|C_i|} \sum_{x \in C_i} x$ 是簇 C_i 的均值向量。直观来看,式(15-24)在一定程度上刻画了簇内样本围绕簇均值向量的紧密程度,E 值越小则簇内样本相似度越高。

最小化式(15-24)并不容易,找到它的最优解需考察样本集 D 所有可能的簇划分,这是一个 NP 难问题。因此,k 均值算法采用了贪心策略,通过迭代优化来近似求解式(15-24)。算法流程如图(15-1)所示,其中第 1 行对均值向量进行初始化,在第 4~8 行与第 9~16 行依次对当前簇划分及均值向量迭代更新,若迭代更新后聚类结果保持不变,则将当前簇划分结果返回。

输入: 样本集 $D = \{x_1, x_2, \ldots, x_m\}$;
　　　聚类簇数 k.
过程:
1: 从 D 中随机选择 k 个样本作为初始均值向量 $\{\mu_1, \mu_2, \ldots, \mu_k\}$
2: **repeat**
3: 　令 $C_i = \varnothing \ (1 \leqslant i \leqslant k)$
4: 　**for** $j = 1, 2, \ldots, m$ **do**
5: 　　计算样本 x_j 与各均值向量 $\mu_i \ (1 \leqslant i \leqslant k)$ 的距离: $d_{ji} = \|x_j - \mu_i\|_2$;
6: 　　根据距离最近的均值向量确定 x_j 的簇标记: $\lambda_j = \arg\min_{i \in \{1,2,\ldots,k\}} d_{ji}$;
7: 　　将样本 x_j 划入相应的簇: $C_{\lambda_j} = C_{\lambda_j} \bigcup \{x_j\}$;
8: 　**end for**
9: 　**for** $i = 1, 2, \ldots, k$ **do**
10: 　　计算新均值向量: $\mu_i' = \frac{1}{|C_i|} \sum_{x \in C_i} x$;
11: 　　**if** $\mu_i' \neq \mu_i$ **then**
12: 　　　将当前均值向量 μ_i 更新为 μ_i'
13: 　　**else**
14: 　　　保持当前均值向量不变
15: 　　**end if**
16: 　**end for**
17: **until** 当前均值向量均未更新
输出: 簇划分 $C = \{C_1, C_2, \ldots, C_k\}$

图 15-1 k 均值算法

15.5 主成分分析法

主成分分析(principal component analysis，PCA)是最常用的一种降维方法。在介绍PCA之前，不妨先考虑这样一个问题：对于正交属性空间中的样本点，如何用一个超平面(直线的高维推广)对所有样本进行恰当的表达？

容易想到，若存在这样的超平面，那么它大概应具有这样的性质：最近重构性，样本点到这个超平面的距离都足够近；最大可分性，样本点在这个超平面上的投影能尽可能分开。有趣的是，基于最近重构性和最大可分性，能分别得到主成分分析的两种等价推导。这里先从最近重构性来推导。

假定数据样本进行了中心化，即 $\sum_i x_i = 0$；再假定投影变换后得到的新坐标系为 $\{w_1, w_2, \cdots, w_d\}$，其中 w_i 是标准正交基向量，$\|w_i\|_2 = 1$，$w_i^T w_j = 0(i \neq j)$。若丢弃新坐标系中的部分坐标，即将维度降低到 $d' < d$，则样本点 x_i 在低维坐标系中的投影是 $z_i = \{z_{i1}, z_{i2}, \cdots, z_{id'}\}$，其中 $z_{ij} = w_j^T x_i$ 是 x_i 在低维坐标系下第 j 维的坐标。若基于 z_i 来重构 x_i，则会得到 $\hat{x_i} = \sum_{j=1}^{d'} z_{ij} w_j$。

考虑整个训练集，原样本点与基于投影重构的样本点之间的距离为

$$\sum_{i=1}^m \|\sum_{j=1}^{d'} z_{ij} - x_i\|_2^2 = \sum_{i=1}^m z_i^T z_i - 2\sum_{i=1}^m z_i^T W^T x_i + \text{const} \propto - \tag{15-25}$$
$$tr\left(W^T \left(\sum_{i=1}^m x_i x_i^T\right) W\right)$$

根据最近重构性，式(15-25)应被最小化，考虑到 w_j 是标准正交基，$\sum_i x_i x_i^T$ 是协方差矩阵，有

$$\min_w - tr(W^T XX^T W)，\text{ s.t. } W^T W = I \tag{15-26}$$

这就是主成分分析的优化目标。

从最大可分性出发，能得到主成分分析的另一种解释。我们知道，样本点 x_i 均在新空间中超平面上的投影是 $W^T x_i$，若所有样本点的投影能尽可能分开，则应该使投影后样本点的方差最大化。

投影后样本点的方差是 $\sum_i W^T x_i x_i^T W$，于是优化目标可写为

$$\max_w tr(W^T XX^T W)，\text{ s.t. } W^T W = I \tag{15-27}$$

显然，式(15-27)与式(15-26)等价。

对式(15-26)或式(15-27)使用拉格朗日乘子法可得

$$XX^{\mathrm{T}}W = \lambda W \tag{15-28}$$

于是,只需对协方差矩阵 XX^{T} 进行特征值分解,将求得的特征值排序: $\lambda_1 \geqslant \lambda_2 \geqslant \cdots \geqslant \lambda_d$,再取前 d' 个特征值对应的特征向量构成 $W^* = (w_1, w_2, \cdots, w_{d'})$。这就是主成分分析的解。PCA算法描述如图 15-2 所示。

输入: 样本集 $D = \{x_1, x_2, \ldots, x_m\}$;
　　　低维空间维数 d'.
过程:
1: 对所有样本进行中心化: $x_i \leftarrow x_i - \frac{1}{m}\sum_{i=1}^{m} x_i$;
2: 计算样本的协方差矩阵 XX^{T};
3: 对协方差矩阵 XX^{T} 做特征值分解;
4: 取最大的 d' 个特征值所对应的特征向量 $w_1, w_2, \ldots, w_{d'}$.
输出: 投影矩阵 $W = (w_1, w_2, \ldots, w_{d'})$.

图 15-2　PCA算法

降维后低维空间的维数 d' 通常是由用户事先指定,或通过在 d' 值不同的低维空间中对 k 近邻分类器(或其他开销较小的学习器)进行交叉验证来选取较好的 d' 值。对PCA,还可从重构的角度设置一个重构阈值,例如 $t = 95\%$,然后选取使下式成立的最小 d' 值

$$\frac{\sum_{i=1}^{d'} \lambda_i}{\sum_{i=1}^{d} \lambda_i} \geqslant t \tag{15-29}$$

PCA 仅需保留 W^* 与样本的均值向量,即可通过简单的向量减法和矩阵向量乘法将新样本投影至低维空间中。显然,低维空间与原始高维空间必有不同,因为对应于最小的 $d-d'$ 个特征值的特征向量被舍弃了,这是降维导致的结果。但舍弃这部分信息往往是必要的,原因是:一方面舍弃这部分信息之后能使样本的采样密度增大,这正是降维的重要动机;另一方面,当数据受到噪声影响时,最小的特征值所对应的特征向量往往与噪声有关,将它们舍弃能在一定程度上起到去噪的效果。

15.6　本章小结

无监督学习是机器学习的一种方法,和监督学习相对应,可以根据类别未知(没有被标记)的训练样本解决模式识别中的一些问题,比如:从庞大的样本集合中选出一些具有代表性的样本,并加以标注,用于分类器的训练;先将所有样本自动分为不同的类别,再由人类对这些类别进行标注;在无类别信息情况下,寻找好的特征等。

本章着重介绍无监督学习中的两个最常使用的场景,即聚类和降维。针对聚类问题,详细介绍了距离计算及其性能度量,以及常用的 k-means 算法;针对降维问题,介绍了主成分分析方法 PCA 的相关原理及算法。

神经网络与深度学习篇

第16章 人工神经网络

16.1 生物神经网络

　　由于人工神经网络是受生物神经网络的启发构造而成的,所以在开始讨论人工神经网络之前,有必要首先考虑人脑皮层神经系统的组成。科学研究发现,人的大脑中大约含有 10^{11} 个生物神经元,它们的 10^{15} 个连接被联成一个系统。每个神经元具有独立的接受、处理和传递电化学(electrochemical)信号的能力。这种传递经由构成大脑通信系统的神经通路所完成。如图 16-1 所示是生物神经元的典型结构。为清楚起见,在这里只画了两个神经元,其他神经元及其相互之间的连接与此类似。

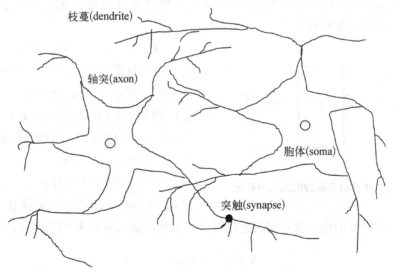

枝蔓(dendrite)

轴突(axon)

胞体(soma)

突触(synapse)

图 16-1　生物神经元的典型结构

　　枝蔓从胞体伸向其他神经元,这些神经元在被称为突触的连接点接收信号。在突触的接受侧,信号被送入胞体,这些信号在胞体里被综合。其中有的输入信号起刺激作用,有的起抑制作用。当胞体中接受的累加刺激超过一个阈值时,胞体就被激发,此时它沿轴突通过枝蔓向其他神经元发出信号。

在这个系统中,每一个神经元都通过突触与系统中很多其他的神经元相联系。研究认为,同一个神经元通过由其伸出的枝蔓发出的信号是相同的,而这个信号可能对接收它的不同神经元有不同的效果,这一效果主要由相应的突触决定:突触的"连接强度"越大,接收的信号就越强,反之,突触的"连接强度"越小,接收的信号就越弱。突触的"连接强度"可以随着系统受到的训练而被改变。

总结起来,生物神经系统有 6 个基本特征:① 神经元及其连接;② 神经元之间的连接强度决定信号传递的强弱;③ 神经元之间的连接强度是可以随训练而改变的;④ 信号是可以起刺激作用的,也可以是起抑制作用的;⑤ 一个神经元接收的信号的累积效果决定该神经元的状态;⑥ 每个神经元可以有一个"阈值"。

16.2 人工神经元

从上述可知,神经元是构成神经网络的最基本单元(构件)。因此,要想构造一个人工神经网络系统,首要任务是构造人工神经元模型。这个模型不仅是简单容易实现的数学模型,而且它还应该具有生物神经元的六个基本特性。

16.2.1 人工神经元的基本构成

根据上述对生物神经元的讨论,希望人工神经元可以模拟生物神经元的一阶特性——输入信号的加权和。

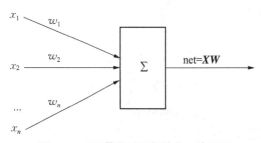

图 16-2 不带激活函数的人工神经元

对于每一个人工神经元来说,它可以接收一组来自系统中其他神经元的输入信号,每个输入对应一个权,所有输入的加权和决定该神经元的激活(Activation)状态。这里,每个权就相当于突触的"连接强度"。基本模型如图 16-2 所示。

设 n 个输入分别用 x_1, x_2, $\cdots$, x_n 表示,它们对应的连接权值依次为 w_1, w_2, $\cdots$, w_n,所有的输入及对应的连接权值分别构成输入向量 X 和连接权向量 W

$$X = (x_1, x_2, \cdots, x_n)$$
$$W = (w_1, w_2, \cdots, w_n)^{\mathrm{T}}$$

用 net 表示该神经元所获得的输入信号的累积效果,为简便起见,称之为该神经元的网络输入

$$\mathrm{net} = \sum x_i w_i \qquad (16-1)$$

写成向量形式,则有

$$\text{net} = \boldsymbol{XW} \qquad\qquad (16-2)$$

16.2.2　激活函数

神经元在获得网络输入后,它应该给出适当的输出。按照生物神经元的特性,每个神经元有一个阈值,当该神经元所获得的输入信号的累积效果超过阈值时,它就处于激发态;否则,应该处于抑制态。为了使系统有更宽的适用面,希望人工神经元有一个更一般的变换函数,用来执行对该神经元所获得的网络输入的变换,这就是激活函数(activation function),也可以称之为激励函数或活化函数。用 f 表示

$$o = f(\text{net}) \qquad\qquad (16-3)$$

其中,o 是该神经元的输出。由此式可以看出,函数 f 同时也用来将神经元的输出进行放大处理或限制在一个适当的范围内。典型的激活函数有线性函数、非线性斜面函数、阶跃函数、S 型函数四种。四种常用的激活函数如图 $16-3$ 所示。

1. 线性函数

线性函数(linear function)是最基本的激活函数,它起到对神经元所获得的网络输入进行适当的线性放大的作用。它的一般形式为

$$f(\text{net}) = k \times \text{net} + c \qquad\qquad (16-4)$$

式中,k 为放大系数,c 为位移,它们均为常数。图 $16-3(a)$ 所示是它的图像。

2. 非线性斜面函数

线性函数非常简单,但是它的线性极大地降低了网络的性能,甚至使多级网络的功能退化成单级网络的功能。因此,在人工神经网络中有必要引入非线性激活函数。

非线性斜面函数(ramp function)是最简单的非线性函数,实际上它是一种分段线性函数。由于它简单,所以有时也被人们采用。这种函数是把函数的值域限制在一个给定的范围 $[-\gamma, \gamma]$。

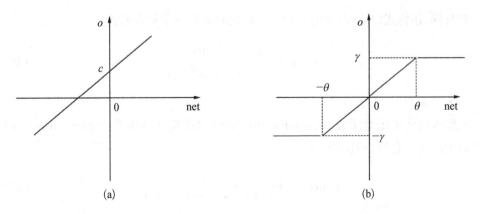

(a)　　　　　　　　　　　　　(b)

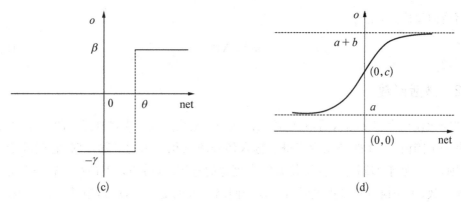

图 16 - 3 4 种常用的激活函数

(a) 线性函数；(b) 非线性斜面函数；(c) 阶跃函数；(d) S 型函数

$$f(\text{net}) = \begin{cases} \gamma & \text{if net} \geqslant \theta \\ k \times \text{net} & \text{if } |\text{net}| < \theta \\ -\gamma & \text{if net} \leqslant -\theta \end{cases} \qquad (16-5)$$

其中，γ 为常数。一般地，规定 $\gamma > 0$，它被称为饱和值，为该神经元的最大输出。如图 16 - 3(b) 所示是它的图像。

3. 阈值函数

阈值函数(threshold function)又叫阶跃函数，当激活函数仅用来实现判定神经元所获得的网络输入是否超过阈值 θ 时，可以使用此函数。

$$f(\text{net}) = \begin{cases} \beta & \text{if net} > \theta \\ -\gamma & \text{if net} \leqslant \theta \end{cases} \qquad (16-6)$$

其中，β、γ、θ 均为非负实数，θ 为阈值。图 16 - 3(c) 是它的图像。通常，人们用式(16 - 7)的二值形式

$$f(\text{net}) = \begin{cases} 1 & \text{if net} > \theta \\ 0 & \text{if net} \leqslant \theta \end{cases} \qquad (16-7)$$

有时候，还将式(16 - 7)中的 0 改为 -1，此时就变成了双极形式

$$f(\text{net}) = \begin{cases} 1 & \text{if net} > \theta \\ -1 & \text{if net} \leqslant \theta \end{cases} \qquad (16-8)$$

4. S 型函数

S 型函数又叫压缩函数(squashing function)和逻辑斯特函数(logistic function)，其应用最为广泛。它的一般形式为

$$f(\text{net}) = a + \frac{b}{1 + \exp(-d \times \text{net})} \qquad (16-9)$$

其中，a、b、d 为常数，图 16-3(d)所示是它的图像。图中

$$c = a + \frac{b}{2} \tag{16-10}$$

它的饱和值为 a 和 $a+b$。该函数的最简单形式为

$$f(\text{net}) = \frac{1}{1 + \exp(-d \times \text{net})} \tag{16-11}$$

此时，函数的饱和值为 0 和 1。

也可以取其他形式的函数，如双曲正切函数、扩充平方函数。而当取扩充平方函数

$$f(\text{net}) = \begin{cases} \dfrac{\text{net}^2}{1 + \text{net}^2} & \text{if net} > 0 \\ 0 & \text{其他} \end{cases} \tag{16-12}$$

时，饱和值仍然是 0 和 1。当取双曲正切函数

$$f(\text{net}) = \tanh(\text{net}) = \frac{\text{e}^{\text{net}} - \text{e}^{-\text{net}}}{\text{e}^{\text{net}} + \text{e}^{-\text{net}}} \tag{16-13}$$

时，饱和值则是 -1 和 1。

S 型函数之所以被广泛地应用，除了它的非线性性和处处连续可导性外，更重要的是由于该函数对信号有一个较好的增益控制：函数的值域可以由用户根据实际需要给定，在 $|\text{net}|$ 的值比较小时，$f(\text{net})$ 有一个较大的增益；在 $|\text{net}|$ 的值比较大时，$f(\text{net})$ 有一个较小的增益，这为防止网络进入饱和状态提供了良好的支持。

16.2.3 M-P 模型

将人工神经元的基本模型和激活函数合在一起构成人工神经元，这就是著名的 McCulloch-Pitts 模型，简称为 M-P 模型，也可以称之为处理单元(PE)。人工神经元的模型如图 16-4 所示。UCSD 的 PDP 小组曾经将人工神经元定义得比较复杂，为方便起见，本节均采用这种简化了的定义，同时简记为 AN_n，在今后给出的图中均用一个结点表示人工神经元。

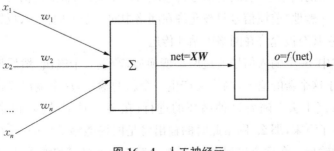

图 16-4 人工神经元

16.3 人工神经网络拓扑特性

为了理解方便,用结点代表神经元,用加权有向边代表从神经元到神经元之间的有向连接,相应的权代表连接的连接强度,用箭头代表信号的传递方向。

16.3.1 连接模式

在生物神经系统中,一个神经元接收的信号可以对其起刺激作用,也可能对其起抑制作用。在人工神经网络系统中,注意到神经元是以加权和的形式接受其他神经元传给它的信号,所以无须特意去区分它们,只要通过赋予连接权的正、负号就可以了:用正号("＋",可省略)表示传送来的信号起刺激作用,用于增加神经元的活跃度;用负号表示传送来的信号起抑制作用,用于降低神经元的活跃度。

那么,如何组织网络中的神经元呢?研究发现,物体在人脑中的反映带有分块的特征,对一个物体,存在相应的明、暗区域。根据这一点,可以将这些神经元分成不同的组,也就是分块进行组织。在拓扑表示中,不同的块可以被放入不同的层中。另一方面,网络应该有输入和输出,从而就有了输入层和输出层。

层次(又称为"级")的划分,导致了神经元之间三种不同的互联模式:层(级)内连接、循环连接、层(级)间连接。

1. 层内连接

层内连接又叫做区域内(Intra-field)连接或侧连接(Lateml),它是本层内的神经元到本层内的神经元之间的连接,可用来加强和完成层内神经元之间的竞争:当需要组内加强时,这种连接的连接权取正值;要实现组内竞争时,这种连接权取负值。

2. 循环连接

循环连接在这里特指神经元到自身的连接。用于不断加强自身的激活值,使本次的输出与上次的输出相关,是一种特殊的反馈信号。

3. 层间连接

层间(Inter-field)连接指不同层中的神经元之间的连接。这种连接用来实现层间的信号传递。在复杂的网络中,层间的信号传递既可以是向前的(前馈信号),又可以是向后的(反馈信号)。一般地,前馈信号只被允许在网络中向一个方向传送;反馈信号的传送则可以自由一些,它甚至被允许在网络中循环传送。

在反馈方式中,一个输入信号通过网络变换后,产生一个输出,然后该输出又被反馈到输入端,对应于这个新的输入,网络又产生一个新的输出,这个输出又被再次反馈到输入端……如此重复下去。随着这种循环的进行,在某一时刻,输入和输出不再发生变化——网络稳定了下来,那么,网络此时的输出将是网络能够给出的、最初的输入所应对应的最为理想的输出。在这个过程中,信号被一遍一遍地修复和加强,最终得到合适的结果。但是,最初的输入是一个可以修复的对象吗?如果是,系统是否真的有能力修复它呢?这种循环是否会永远地进行下去?这就是循环网络的稳定性问题。

16.3.2　网络的分层结构

为了更好地组织网络中的神经元,把它们分布到各层(级)。按照上面对网络的连接的划分,称侧连接引起的信号传递为横向反馈;层间的向前连接引起的信号传递为层前馈(简称前馈);层间的向后连接引起的信号传递为层反馈。横向反馈和层反馈统称为反馈。

1. 单级网

虽然单个神经元能够完成简单的模式识别,但是为了完成较复杂的功能,还需要将大量的神经元联成网,有机的连接使它们可以协同完成规定的任务。

1) 简单单级网

最简单的人工神经网络如图 16-5 所示,该网接受输入向量

$$\boldsymbol{X}=(x_1,\ x_2,\ \cdots,\ x_n) \tag{16-14}$$

经过变换后输出向量

$$\boldsymbol{O}=(o_1,\ o_2,\ \cdots,\ o_m) \tag{16-15}$$

图 16-5 表面上看是一个两层网,但是由于输入层的神经元不对输入信号做任何处理,它们只起到对输入向量 $\boldsymbol{X}$ 的扇出作用。因此,在计算网络的层数时,人们习惯上不将它作为一层。

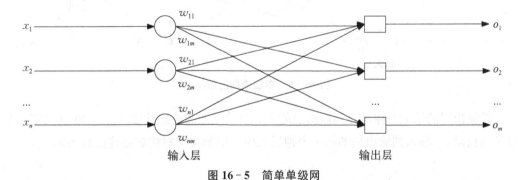

图 16-5　简单单级网

设输入层的第 i 个神经元到输出层的第 j 个神经元的连接强度为 w_{ij},即 $\boldsymbol{X}$ 的第 i 个分量以权重 w_{ij} 输入到输出层的第 j 个神经元中,取所有的权构成(输入)权矩阵

$$\boldsymbol{W}=(w_{ij}) \tag{16-16}$$

输出层的第 j 个神经元的网络输入记为 net_j

$$\mathrm{net}_j=x_1 w_{1j}+x_2 w_{2j}+\cdots+x_n w_{nj} \tag{16-17}$$

其中,$1\leqslant j\leqslant m$。取

$$NET = (net_1, net_2, \cdots, net_m) \tag{16-18}$$

从而有

$$NET = \boldsymbol{XW} \tag{16-19}$$

$$\boldsymbol{O} = \boldsymbol{F}(NET) \tag{16-20}$$

式中，$\boldsymbol{F}$ 为输出层神经元的激活函数的向量形式。$\boldsymbol{F}$ 对应每个神经元有一个分量，而且它的第 j 个分量对应作用在 NET 的第 j 个分量 net_j 上。一般情况下，不对其各个分量加以区分，认为它们是相同的。对此，下文不再说明。

根据信息在网络中的流向，称 $\boldsymbol{W}$ 是从输入层到输出层的连接权矩阵，而这种只有一级连接矩阵的网络叫做简单单级网。为方便起见，有时将网络中的连接权矩阵与其到达方相关联。例如，上述的 $\boldsymbol{W}$ 就可以被称为输出层权矩阵。

2）单级横向反馈网

在简单单级网的基础上，在其输出层加上侧连接就构成单级横向反馈网，如图 16-6 所示。

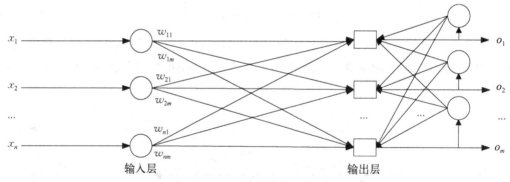

图 16-6　单级横向反馈网

设输出层的第 i 个神经元到输出层的第 j 个神经元的连接强度为 v_{ij}，即 $\boldsymbol{O}$ 的第 i 个分量以权重 v_{ij} 输入到输出层的第 j 个神经元中。取所有的权构成侧连接权矩阵

$$\boldsymbol{V} = (v_{ij})$$

则

$$NET = \boldsymbol{XW} + \boldsymbol{OV} \tag{16-21}$$

$$\boldsymbol{O} = \boldsymbol{F}(NET) \tag{16-22}$$

在此网络中，对一个输入，如果网络最终能给出一个不变的输出，也就是说，网络的运行逐渐会达到稳定，则称该网络是稳定的；否则称之为不稳定的。网络的稳定性问题是困扰有反馈信号网络性能的重要问题。因此，稳定性判定是一个非常重要的问题。

　　由于信号的反馈,使得网络的输出随时间的变化而不断变化,所以时间参数有时候也是在研究网络运行中需要特别给予关注的一个重要参数。下面假定,在网络的运行过程中有一个主时钟,网络中的神经元的状态在主时钟的控制下同步变化。在这种假定下,有

$$\mathrm{NET}(t+1)=\boldsymbol{X}(t)\boldsymbol{W}+\boldsymbol{O}(t)\boldsymbol{V} \tag{16-23}$$

$$\boldsymbol{O}(t+1)=\boldsymbol{F}(\mathrm{NET}(t+1)) \tag{16-24}$$

其中,当 $t=0$ 时 $\boldsymbol{O}(0)=0$。

　　读者自己可以考虑 $\boldsymbol{X}$ 仅在 $t=0$ 时加在网上的情况。

　　2. 多级网

　　研究表明,单级网的功能是有限的,适当地增加网络的层数是提高网络计算能力的一条途径,这也部分地模拟了人脑的某些部位的分级结构特征。从拓扑结构上来看,多级网是由多个单级网连接而成的。

　　1) 层次划分

　　如图 16-7 所示是一个典型的多级前馈网,又叫做非循环多级网络。在这种网络中,信号只被允许从较低层流向较高层。用层号确定层的高低: 层号较小者,层次较低;层号较大者,层次较高。各层的层号按如下方式循环定义:

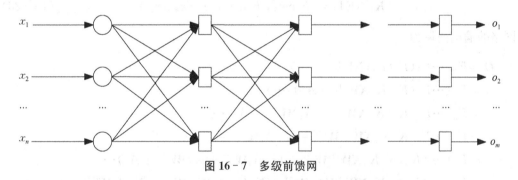

图 16-7　多级前馈网

　　(1) 输入层:与单级网络一样,该层只起到输入信号的扇出作用。所以在计算网络的层数时不被记入。该层负责接受来自网络外部的信息,被记作第 0 层。

　　(2) 第 j 层:第 $j-1$ 层的直接后继层($j>0$),它直接接受第 $j-1$ 层的输出。

　　(3) 输出层:它是网络的最后一层,具有该网络的最大层号,负责输出网络的计算结果。

　　(4) 隐藏层:除输入层和输出层以外的其他各层叫隐藏。隐藏层不直接接受外界的信号,也不直接向外界发送信号。

　　此外,还有如下约定:① 输出层的层号为该网络的层数,并称一个输出层号为 n 的网络为 n 层网络或 n 级网络;② 第 $j-1$ 层到第 j 层的连接矩阵为第 j 层连接矩阵,输出层对应的矩阵叫输出层连接矩阵。在需要的时候,一般用 $\boldsymbol{W}^{(j)}$ 表示第 j 层矩阵。

　　2) 非线性激活函数

　　前面曾经提到过,非线性激活函数在多级网络中起着非常重要的作用。实际上,它除

了能够根据需要对网络中各神经元的输出进行变换外,还使得多级网络的功能超过单级网络,为解决人工神经网络所面临的线性不可分问题提供了基础。

增加网络的层数在于提高网络的计算能力。但是,如果使用线性激活函数,则多级网的功能不会超过单级网的功能。事实上,设有 n 层网络,X 是其输入向量,$W^{(1)}$、$W^{(2)}$、$\cdots$、$W^{(n)}$ 是各级连接矩阵,NET_1、NET_1、$\cdots$、NET_n 分别是各级的网络输入向量,F_1、F_1、$\cdots$、F_n 为各级神经元的激活函数,现假定它们均是线性的:

$$F_i(\mathrm{NET}_i) = \boldsymbol{K}_i\,\mathrm{NET}_i + \boldsymbol{A}_i \quad 1 \leqslant i \leqslant n \tag{16-25}$$

其中,$\boldsymbol{K}_i$、$\boldsymbol{A}_i$ 是常数向量,且这里的 $K_i\mathrm{NET}_i$ 有特殊的意义,它表示 $\boldsymbol{K}_i$ 与 NET_i 的分量对应相乘,结果仍然是同维向量。

令

$$\boldsymbol{K}_i = (k_1, k_2, \cdots, k_m)$$

$$\mathrm{NET}_i = (\mathrm{net}_1, \mathrm{net}_2, \cdots, \mathrm{net}_m)$$

则

$$\boldsymbol{K}_i\,\mathrm{NET}_i = (k_1\mathrm{net}_1, k_2\mathrm{net}_2, \cdots, k_m\mathrm{net}_m) \tag{16-26}$$

网络的输出向量为

$$
\begin{aligned}
\boldsymbol{O} &= F_n(\cdots F_3(F_2(F_1(\mathrm{NET}_1)))\cdots) \\
&= F_n(\cdots F_3(F_2(K_1\boldsymbol{X}\boldsymbol{W}^{(1)} + A_1))\cdots) \\
&= F_n(\cdots F_3(K_2(K_1\boldsymbol{X}\boldsymbol{W}^{(1)} + A_1)\boldsymbol{W}^{(2)} + A_2)\cdots) \\
&= F_n(\cdots F_3(K_2K_1\boldsymbol{X}\boldsymbol{W}^{(1)}\boldsymbol{W}^{(2)} + K_2A_1\boldsymbol{W}^{(2)} + A_2)\cdots) \\
&= F_n(\cdots(K_3(K_2K_1\boldsymbol{X}\boldsymbol{W}^{(1)}\boldsymbol{W}^{(2)} + K_2A_1\boldsymbol{W}^{(2)} + A_2)\boldsymbol{W}^{(3)} + A_3)\cdots) \\
&= F_n(\cdots(K_3K_2K_1\boldsymbol{X}\boldsymbol{W}^{(1)}\boldsymbol{W}^{(2)}\boldsymbol{W}^{(3)} + K_3K_2A_1\boldsymbol{W}^{(2)}\boldsymbol{W}^{(3)} + K_3A_2\boldsymbol{W}^{(3)} + A_3)\cdots) \\
&\qquad \cdots\cdots \\
&= K_n\cdots K_3K_2K_1\boldsymbol{X}\boldsymbol{W}^{(1)}\boldsymbol{W}^{(2)}\boldsymbol{W}^{(3)}\cdots\boldsymbol{W}^{(n)} + \\
&\quad\ K_n\cdots K_3K_2A_1\boldsymbol{W}^{(2)}\boldsymbol{W}^{(3)}\cdots\boldsymbol{W}^{(n)} + \\
&\quad\ K_n\cdots K_3A_2\boldsymbol{W}^{(3)}\cdots\boldsymbol{W}^{(n)} \\
&\quad\ \cdots\cdots + \\
&\quad\ K_n\cdots K_{i+1}A_i\boldsymbol{W}^{(i+1)}\cdots\boldsymbol{W}^{(n)} \\
&\quad\ \cdots\cdots + \\
&\quad\ K_nA_{n-1}\boldsymbol{W}^{(n)} + \\
&\quad\ A_n \\
&= \boldsymbol{KXW} + \boldsymbol{A}
\end{aligned}
$$

其中

$$K = K_n \cdots K_3 K_2 K_1$$

$$W = W^{(1)} W^{(2)} W^{(3)} \cdots W^{(n)}$$

$$\begin{aligned}
A = & K_n \cdots K_2 K_1 A_1 W^{(2)} W^{(3)} \cdots W^{(n)} + \\
& K_n \cdots K_3 A_2 W^{(3)} \cdots W^{(n)} \\
& \cdots\cdots + \\
& K_n \cdots K_{i+1} A_i W^{(i+1)} \cdots W^{(n)} \\
& \cdots\cdots + \\
& K_n A_{n-1} W^{(n)} + \\
& A_n
\end{aligned}$$

在上述描述中,向量 K_i 之间的运算遵循式(16-26)的约定。

从上述推导可见,这个多级网相当于一个激活函数为 $F(\text{NET}) = K\text{NET} + A = KXW + A$,连接矩阵为 W 的简单单级网络。显然,如果网络使用的是非线性激活函数,则不会出现上述问题。因此说,非线性激活函数是多级网络的功能超过单级网络的保证。

3. 循环网

如果将输出信号反馈到输入端,就可构成一个多层的循环网络,如图 16-8 所示,其中的反馈连接还可以是其他的形式。

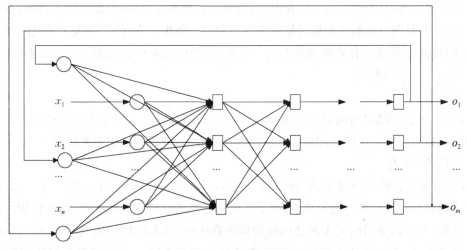

图 16-8　多级循环网

实际上,引入反馈的主要目的是解决非循环网络对上一次的输出无记忆的问题。在非循环网络中,输出仅仅由当前的输入和权矩阵决定,而和之前的计算无关。在循环网中,它需要将输出送回到输入端,从而使当前的输出受到上次输出的影响,进而又受到前一个输入的影响,如此形成一个迭代。也就是说,在这个迭代过程中,输入的原始信号被逐步地加强和修复。

这种性能,在一定程度上反映了人的大脑的短期记忆特征——看到的东西不是一下子就从脑海里消失的。

当然,前面曾经提到过,这种反馈信号会引起网络输出的不断变化。如果这种变化逐渐减小,并且最后消失,则称网络达到了平衡状态。如果这种变化不能消失,则称该网络是不稳定的。

16.4　存储与映射

人工神经网络是用来处理信息的。可以认为,所有的信息都是以模式的形式出现的:输入向量是模式,输出向量是模式,同层的神经元在某一时刻的状态是模式,所有的神经元在某一时刻的状态是模式,网络中任意层的权矩阵、权矩阵所含的向量都是模式。在循环网络中,所有的神经元的状态沿时间轴展开,这就形成一个模式系列。所以说,在人工神经网络中,有两种类型的模式:空间模式(spatial model)和时空模式(spatial-temporal model)。网络所有的神经元在某一时刻的状态所确定的网络在该时刻的状态叫做空间模式;以时间维度为轴展开的空间模式系列叫作时空模式,这两种模式之间的关系如同一个画面与整个影片的关系。仅在考虑循环网络的稳定性和网络训练的收敛过程时涉及时空模式,一般情况下,只研究空间模式。

在日常生活中,当寻找某一单位时,需要知道它的地址,然后根据地址去访问它;在计算机系统中,目前习惯的也是通过地址去存放和取出数据。实际上,在人工神经网络技术中,空间模式的存取还有另外两种方式。所以,按照信息的存放与提取方式的不同,空间模式共有三种存储类型。

1. RAM方式

RAM方式即随机访问方式(random access memory)。这种方式就是现有的计算机中的数据访问方式。这种方式需要按地址去存取数据,即将地址映射到数据。

2. CAM方式

CAM方式即内容寻址方式(content addressable memory)。在这种方式下,数据自动地找到它的存放位置。换句话说,就是将数据变换成它应存放的位置,并执行相应的存储。例如,在后面介绍的人工神经网络的训练算法中,样本数据被输入后,它的内容被自动存储起来,虽然现在还不知道它们具体是如何被存放的。这种方式是将数据映射到地址。

3. AM方式

AM方式即相连存储方式(associative memory)。这种方式是数据到数据的直接转换。在人工神经网络的正常工作阶段,输入模式(向量)经过网络的处理,被转换成输出模式(向量)。这种方式是将数据映射到数据。

后面的两种方式是人工神经网络的工作方式。在学习/训练期间,人工神经网络以CAM方式工作:它将样本数据以各层神经元之间的连接权矩阵的稳定状态存放起来。

由于权矩阵在大多数网络的正常运行阶段是一直被保存不变的,所以权矩阵又被称为网络的长期存储(long term memory,LTM)。

网络在正常工作阶段是以 AM 方式工作的。此时,输入模式被转换成输出模式。由于输出模式是以网络输出层的神经元的状态表示出来的,而在下一个时刻,或者在下一个新的输入向量加到网络上的时候,这一状态将被改变,所以,称由神经元的状态表示的模式为短期存储(short term memory,STM)。

输入向量与输出向量的对应关系是网络设计者所关心的另一个问题。和模式完善相对应,人工神经网络可以实现还原型映射。如果此时训练网络的样本集为向量集合

$$\{A_1, A_2, \cdots, A_n\} \tag{16-27}$$

在理想情况下,该网络在完成训练后,其权矩阵存放的将是上式所给的向量集合。此时网络实现的映射将是自相联(Auto-associative)映射。

人工神经网络还可以实现变换型和分类型映射。如果此时训练网络的样本集为向量对组成的集合

$$\{(A_1, B_1)(A_2, B_2)\cdots(A_n, B_n)\} \tag{16-28}$$

则在理想情况下,该网络在完成训练后,其权矩阵存放的将是上式所给的向量集合所蕴含的对应关系,也就是输入向量 A_i 与输出向量 B_i 的映射关系。此时网络实现的映射是异相连(Hetero-associative)映射。

由样本集确定的映射关系被存放在网络中后,当一个实际的输入向量被输入时,网络应能完成相应的变换。对异相连映射来说,如果网络中存放的集合为式(16-28),理想情况下,当输入向量为 A_i 时,网络应该输出向量 B_i。 实际上,在许多时候,网络输出的并不是 B_i,而是 B_i 的一个近似向量,这是人工神经网络计算的不精确性造成的。

当输入向量 A 不是集合式(16-28)的某个元素的第 1 分量时,网络会根据集合式(16-28)给出 A 对应的理想输出的近似向量 B。 多数情况下,如果在集合式(16-28)中不存在这样的元素 (A_k, B_k),使得

$$A_i \leqslant A_k \leqslant A$$

或者

$$A \leqslant A_k \leqslant A_j$$

且

$$A_i \leqslant A_k \leqslant A_j$$

则向量 B 是 B_i 与 B_j 的插值。

16.5　人工神经网络训练

人工神经网络最具有吸引力的特点是它的学习能力。1962 年，Rosenblatt 提出了人工神经网络著名的学习定理：人工神经网络可以学会它可以表达的任何东西。但是，人工神经网络的表达能力是有限的，这就大大地限制了它的学习能力。

人工神经网络的学习过程就是对它的训练过程。所谓训练，就是在将由样本向量构成的样本集合（被简称为样本集、训练集）输入到人工神经网络的过程中，按照一定的方式去调整神经元之间的连接权，使得网络能将样本集的内涵以连接权矩阵的方式存储起来，从而使得在网络接受输入时，可以给出适当的输出。

从学习的高级形式来看，一种是有导师有监督学习，另一种是无导师无监督学习，而前者看起来更为普遍些。无论是学生到学校接受老师的教育，还是自己读书学习，都属于有导师学习。还有不少时候，人们是经过一些实际经验不断总结学习的，也许这些应该算做无导师学习。

从学习的低级形式来看，恐怕只有无导师的学习形式。因为到目前为止，还没能发现在生物神经系统中有导师学习是如何发生的。在那里还找不到导师的存在并发挥作用的迹象，所有的只是自组织、自适应的运行过程。

16.5.1　无导师学习

无导师学习（unsupervised learning）与无导师训练（unsupervised training）相对应。该方法最早由 Kohonen 等人提出。

虽然从学习的高级形式来看，人们熟悉和习惯的是有导师学习，但是，人工神经网络模拟的是人脑思维的生物过程。而按照上述说法，这个过程应该是无导师学习的过程。所以，无导师的训练方式是人工神经网络较具说服力的训练方法。

无导师训练方法不需要目标，其训练集中只含一些输入向量，训练算法致力于修改权矩阵，以使网络对一个输入能够给出相容的输出，即相似的输入向量可以得到相似的输出向量。

在训练过程中，相应的无导师训练算法用来将训练的样本集合中蕴含的统计特性抽取出来，并以神经元之间的连接权的形式存于网络中，以使网络可以按照向量的相似性进行分类。虽然用一定的方法对网络进行训练后，可收到较好的效果。但是，对给定的输入向量来说，它们应被分成多少类，某一个向量应该属于哪一类，这一类的输出向量的形式是什么样的，等等，都是难以事先给出的，从而在实际应用中，还要求将其输出变换成一种可理解的形式。另外，其运行结果的难以预测性也给此方法的使用带来了一定的障碍。

主要的无导师训练方法有 Hebb 学习律、竞争与协同（competitive and cooperative）

学习、随机连接学习(randomly connected learning)等。其中 Hebb 学习律是最早被提出的学习算法,目前的大多数算法都来源于此算法。

Hebb 算法是 D. O. Hebb 在 1961 年提出的,该算法认为,连接两个神经元的突触的强度按下列规则变化。

当两个神经元同时处于激发状态时被加强,否则被减弱。可用如下数学表达式表示

$$W_{ij}(t+1) = W_{ij}(t) + \alpha o_i(t) o_j(t) \tag{16-29}$$

其中,$W_{ij}(t+1)$、$W_{ij}(t)$ 分别表示神经元 AN_i 到 AN_j 的连接在时刻 $t+1$ 和时刻 t 的强度,$o_i(t)$、$o_j(t)$ 为这两个神经元在时刻 t 的输出,α 为给定的学习率。

16.5.2　有导师学习

在人工神经网络中,除了上面介绍的无导师训练外,还有有导师训练。有导师学习(supervised learning)与有导师训练(supervised training)相对应。

虽然有导师训练从生物神经系统的工作原理来说,因难以解释而受到一定的非议,但是,目前看来,有导师学习却是非常成功的。因此,需要对有导师学习方法进行研究。

在这种训练中,要求样本在给出输入向量的同时,还必须同时给出对应的理想输出向量。所以,采用这种训练方式训练的网络实现的是异相连的映射。输入向量与其对应的输出向量构成一个"训练对"。

有导师学习的训练算法的主要步骤包括:① 从样本集合中取一个样本 (A_i, B_i);② 计算出网络的实际输出 O;③ 求 $D = B_i - O$;④ 根据 D 调整权矩阵 W;⑤ 对每个样本重复上述过程,直到对整个样本集来说,误差不超过规定范围。

有导师训练算法中,最为重要、应用最普遍的是 Delta 规则。1960 年,Widrow 和 Hoff 就给出了如下形式的 Delta 规则

$$W_{ij}(t+1) = W_{ij}(t) + \alpha(y_j - o_j(t)) o_i(t) \tag{16-30}$$

也可以写成

$$W_{ij}(t+1) = W_{ij}(t) + \Delta W_{ij}(t)$$

$$\Delta W_{ij}(t) = \alpha \delta_j o_i(t)$$

$$\delta_j = y_j - o_j(t)$$

Grossberg 的写法为

$$\Delta W_{ij}(t) = \alpha o_i(t)(o_j(t) - W_{ij}(t))$$

更一般的 Delta 规则为

$$\Delta W_{ij}(t) = g(o_i(t), y_j, o_j(t), W_{ij}(t)) \tag{16-31}$$

式(16-31)中,$W_{ij}(t+1)$、$W_{ij}(t)$ 分别表示神经元 AN_i 到 AN_j 的连接在时刻 $t+1$ 和时

刻 t 的强度，$o_i(t)$，$o_j(t)$ 为这两个神经元在时刻 t 的输出，y_j 为神经元 AN_j 的理想输出，α 为给定的学习率。

16.6　本章小结

本章主要介绍了人工神经网络的基本知识，包括人工神经元、人工神经网络的拓扑结构及人工神经网络训练，为后续章节学习奠定基础。

第17章 BP 神经网络

17.1 概述

BP(back propagation)算法是非循环多级网络的训练算法。虽然该算法的收敛速度非常慢,但由于它具有广泛的适用性,使得它在 1986 年被提出后,很快就成为应用最为广泛的多级网络训练算法,并对人工神经网络的推广应用发挥了重要作用。

BP 算法对人工神经网络第二次研究高潮的到来起到了很大的作用。从某种意义上讲,BP 算法的出现,结束了没有多层网络训练算法的历史,并被认为是多级网络系统的训练方法。此外,它还有很强的数学基础,所以,其连接权的修改是令人信服的。但是,BP 算法也有弱点。BP 算法训练速度非常慢,在高维曲面上局部极小点的逃离问题、算法的收敛问题等都是困扰 BP 网络的严重问题,尤其是逃离和收敛这两个问题甚至会导致网络的失败。虽然它有这样一些局限性,并且有许多难以令人满意的地方,但其广泛的适应性和有效性使得人工神经网络的应用范围得到了较大的扩展。

BP 算法被重新发现到引起人们的广泛关注,并发挥巨大的作用,应该归功于 UCSD 的 PDP(parallel distributed processing)研究小组的 Rumelhart、Hinton 和 Williams。他们在 1986 年独立地给出了清楚而简单的 BP 算法描述,使得该算法非常容易让人掌握并加以实现。另外,由于此时人们对人工神经网络的研究正处于第二次高潮期,而且 PDP 小组在人工神经网络上的丰富研究成果为其发表受到广泛的关注提供了便利条件。在该成果发表后不久,人们就发现,早在 1982 年 Paker 就完成了相似的工作。后来人们进一步地发现,甚至在更早的 1974 年,Werbos 就已提出了该方法的描述。遗憾的是,无论是 Paker,还是 Werbos,他们的工作在完成并发表十余年后,都没能引起人们的关注,这无形中导致了多级网络的训练算法及其推广应用向后推迟了十余年。通过这件事情,也应该看到,要想使重要的研究成果能引起广泛的重视而尽快发挥作用,论文的发表也是非常重要的。

17.2 BP 的基本算法

17.2.1 网络的构成

1. 神经元

按照 BP 算法的要求,这些神经元所用的激活函数必须是处处可导的。一般地,多数设计者都使用 S 型函数。对一个神经元来说,取它的网络输入

$$\text{net} = x_1 w_1 + x_2 w_2 + \cdots + x_n w_n$$

其中,x_1,x_2,$\cdots$,x_n 为该神经元所接受的输入,w_1,w_2,$\cdots$,w_n 分别是它们对应的连接权。该神经元的输出为

$$o = f(\text{net}) = \frac{1}{1 + e^{-\text{net}}} \tag{17-1}$$

其相应的图像如图 17-1 所示,当 net=0 时,o 取值为 0.5,并且当 net 落在区间 $(-0.6, 0.6)$ 时,o 的变化率比较大,而在 $(-1, 1)$ 之外,o 的变化率就非常小。

现求 o 关于 net 的导数

$$\begin{aligned} f'(\text{net}) &= \frac{e^{-\text{net}}}{(1 + e^{-\text{net}})^2} = \frac{1 + e^{-\text{net}} - 1}{(1 + e^{-\text{net}})^2} \\ &= \frac{1}{1 + e^{-\text{net}}} - \frac{1}{(1 + e^{-\text{net}})^2} \\ &= o - o^2 = o(1 - o) \end{aligned}$$

注意到

$$\lim_{\text{net} \to +\infty} \frac{1}{1 + e^{-\text{net}}} = 1, \quad \lim_{\text{net} \to -\infty} \frac{1}{1 + e^{-\text{net}}} = 0$$

根据式 (17-1) 可知,o 的值域为 $(0, 1)$,从而,$f'(\text{net})$ 的值域为 $(0, 0.25)$,而且是在 o 为 0.5 时,$f'(\text{net})$ 达到极大值。其图像如图 17-2 所示。

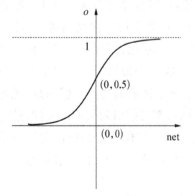

图 17-1 BP 网神经元的激活函数的图像

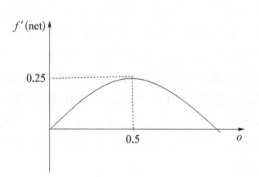

图 17-2 $f'(\text{net})$ 的图像

实际上,也可以用其他函数作为 BP 网络神经元的激活函数,只要该函数是处处可导的。

2. 网络的拓扑结构

BP 网络的结构如图 17-3 所示。实际上,只需用一个二级网络,就可以说明 BP 算法。

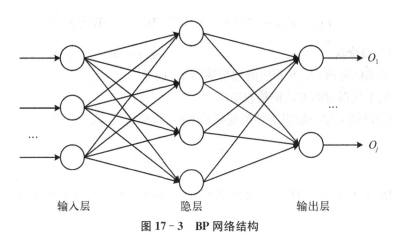

输入层　　　　　隐层　　　　　输出层

图 17-3　BP 网络结构

一般地,设 BP 网络的输入样本集为

$$\{(\boldsymbol{X}, \boldsymbol{Y}) \mid \boldsymbol{X} \text{ 为输入向量}, \boldsymbol{Y} \text{ 为 } \boldsymbol{X} \text{ 对应的理想输出向量}\}$$

网络有 n 层,第 $h(1 \leqslant h \leqslant n)$ 层神经元的个数用 L_h 表示,该层神经元的激活函数用 F_h 表示,该层的连接矩阵用 $\boldsymbol{W}^{(h)}$ 表示。

显然,输入向量、输出向量的维数是由问题直接决定的,然而网络隐藏层的层数和各个隐藏层神经元的个数则是与问题相关的。目前的研究结果还难以给出它们与问题的类型及其规模之间的函数关系。实验表明,增加隐藏层的层数和隐藏层神经元的个数不一定能够提高网络的精度和表达能力,在多数情况下,BP 网络一般都选用二级网络。

17.2.2　训练过程概述

前面已经提到人工神经网络的训练过程是根据样本集对神经元之间的连接权进行调整的过程,BP 网络也不例外。BP 网络执行的是有导师训练,所以,其样本集是由形如:(输入向量,理想输出向量)的向量对构成的。所有这些向量对可以是从实际运行系统中进行采集。

在开始训练前,所有的权都应该用一些不同的小随机数进行初始化。小随机数用来保证网络不会因为权过大而进入饱和状态,从而导致训练失败;不同的数用来保证网络可以正常地学习。实际上,如果用相同的数去初始化权矩阵,网络将无能力学习。

BP 算法主要被分为向前传播和向后传播两个阶段。

1. 向前传播阶段

(1) 从样本集中取一个样本 (X_p, Y_p)，将 X_p 输入网络。

(2) 计算相应的实际输出 O_p。

在此阶段，信息从输入层经过逐级的变换，传送到输出层。这个过程也是网络在完成训练后正常运行时执行的过程。在此过程中，网络执行的是下列运算

$$O_p = F_n(\cdots(F_2(F_1(X_p W^{(1)})W^{(2)})\cdots)W^{(n)})$$

2. 向后传播阶段

(1) 计算实际输出 O_p 与相应的理想输出 Y_p 的差。

(2) 按极小化误差的方式调整权矩阵。

这两个阶段的工作一般应受到精度要求的控制，在这里，取

$$E_p = \frac{1}{2}\sum_{j=1}^{m}(y_{pj} - O_{pj})^2 \tag{17-2}$$

作为网络关于第 p 个样本的误差测度。而将网络关于整个样本集的误差测度定义为

$$E = \sum E_p \tag{17-3}$$

如前所述，之所以将此阶段称为向后传播阶段，是对应于输入信号的正常传播而言的。因为在开始调整神经元的连接权时，只能求出输出层的误差，而其他层的误差要通过此误差反向逐层后推才能得到。有时候也称之为误差传播阶段。

17.2.3　误差传播分析

1. 输出层权的调整

为了说明清晰方便，使用图 17-4 中的相应符号来讨论输出层连接权的调整。

$$W_{pq}$$

AN$_p$　　　　　　　　　　　　　　　　　　　　AN$_q$
第 $n-1$ 层　　　　　　　　　　　　　　　　　第 n 层

图 17-4　AN$_p$ 到 AN$_q$ 的连接

在图 17-4 中，AN$_q$ 是输出层的第 q 个神经元，W_{pq} 是从其前导层的第 p 个神经元到 AN$_q$ 的连接权。取

$$W_{pq} = W_{pq} + \Delta W_{pq} \tag{17-4}$$

根据 Delta 规则，有

$$\Delta W_{pq} = a\,\delta_q O_p \tag{17-5}$$

其中 a 为学习率，取值范围为 $(0, 1)$，由于在本书中不再区分神经元的激活状态和输

出值,所以式(17-5)中的 δ_q 的计算为

$$\delta_q = f_n'(\mathrm{net}_q)\,(y_q - O_q) \tag{17-6}$$

而

$$f_n'(\mathrm{net}_q) = O_q(1 - O_q)$$

所以

$$\begin{aligned}
\Delta W_{pq} &= a\,\delta_q\,O_p \\
&= a f_n'(\mathrm{net}_q)(y_q - O_q)\,O_p \\
&= a\,O_q(1 - O_q)(y_q - O_q)\,O_p
\end{aligned}$$

即

$$\Delta W_{pq} = a\,O_q(1 - O_q)(y_q - O_q)\,O_p \tag{17-7}$$

δ_q 可以看成是 AN_q 所表现出来的误差。它由 AN_q 的输出值和 AN_q 的理想输出值确定。

2. 隐藏层权的调整

对隐藏层权的调整,仍然可以采用式(17-4)、(17-5),在这里不能用式(17-6)去计算相应的神经元所表现出来的误差,因为此时无法知道该神经元的理想输出。为了解决这个问题,在这里先从直观上来研究如何计算相应的神经元所表现出来的误差。

为使讨论更清晰,对隐藏层连接权调整的讨论将参考图 17-5 进行。按照该图的表示,省去了其中有些符号上表示网络层号的上标。一方面,将相应的层号标注在图的下方。另一方面,仅在需要的地方让层号以下标的形式出现。

假定图 17-5 中的 W_{p1}, W_{p2}, …, W_{pm} 的调整已经完成。所以,此时 δ_{1k}, δ_{2k}, …, δ_{mk} 的值是已知的。要想调整 v_{hp} 就必须知道 δ_{pk-1},由于 AN_p 的理想输出是未知的,所以,必须按照一定的方法来给 δ_{pk-1} 一个合适的估计。

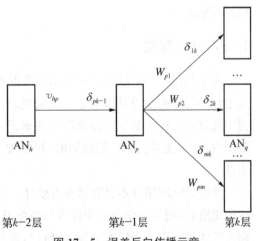

图 17-5 误差反向传播示意

从图 17-5 中可以看出,δ_{pk-1} 的值应该是和 δ_{1k}, δ_{2k}, …, δ_{mk} 有关的,在 δ_{1k}, δ_{2k}, …, δ_{mk} 等每个值中,都含有 δ_{pk-1} 的"成分"。因此,自然地想到用 δ_{1k}, δ_{2k}, …, δ_{mk} 来估计 δ_{pk-1}。同时,δ_{pk-1} 又是通过 W_{p1}, W_{p2}, …, W_{pm} 与 δ_{1k}, δ_{2k}, …, δ_{mk} 关联的。具体地,不妨认为 δ_{pk-1}:

通过权 W_{p1} 对 δ_{1k} 做出贡献,

通过权 W_{p2} 对 δ_{2k} 做出贡献,

......

通过权 W_{pm} 对 δ_{mk} 做出贡献。

从而，AN_p 的输出误差是与

$$W_{p1}\,\delta_{1k} + W_{p2}\,\delta_{2k} + \cdots + W_{pm}\,\delta_{mk}$$

相关的。这样，可以用它近似地表示 AN_p 的理想输出与实际输出的差。根据式(17-6)得到

$$\delta_{pk-1} = f'_{k-1}(\mathrm{net}_p)(W_{p1}\,\delta_{1k} + W_{p2}\,\delta_{2k} + \cdots + W_{pm}\,\delta_{mk}) \tag{17-8}$$

从而有

$$
\begin{aligned}
\Delta v_{hp} &= \alpha\,\delta_{pk-1}\,O_{hk-2} \\
&= \alpha f'_{k-1}(\mathrm{net}_p)(W_{p1}\,\delta_{1k} + W_{p2}\,\delta_{2k} + \cdots + W_{pm}\,\delta_{mk})\,O_{hk-2} \\
&= \alpha\,O_{pk-1}(1-O_{pk-1})(W_{p1}\,\delta_{1k} + W_{p2}\,\delta_{2k} + \cdots + W_{pm}\,\delta_{mk})\,O_{hk-2}
\end{aligned}
$$

即

$$\Delta v_{hp} = \alpha\,O_{pk-1}(1-O_{pk-1})(W_{p1}\,\delta_{1k} + W_{p2}\,\delta_{2k} + \cdots + W_{pm}\,\delta_{mk})\,O_{hk-2} \tag{17-9}$$

$$\Delta v_{hp} = v_{hp} + \Delta v_{hp} \tag{17-10}$$

式(17-9)中，O_{pk-1}、O_{hk-2} 分别表示第 $k-1$ 层的第 p 个神经元、第 $k-2$ 层的第 h 个神经元的输出。

17.2.4 BP 算法

人工神经网络可以在实际应用中根据不断获取的经验来增加自己的处理能力，因此，人工神经网络的学习可以不是一次完成的。也就是说，人工神经网络应该可以在工作过程中通过对新样本的学习而获得新的知识，以不断丰富自己的知识。这就要求在一定的范围内，网络在学会新知识的同时，保持原来学会的东西不被忘记。这个特性被称为可塑性。

然而，BP 网络并不具有这种可塑性。它要求用户一开始就要将所有要学的样本一次性地交给它，而不是学会一个样本后再学其他样本。这就要求其不能在完成一个样本的训练后才进行下一个样本的训练，所以，训练算法的最外层循环应该是精度要求，其次才是对样本集进行循环训练。也就是，在 BP 网络针对一个样本对各个连接权做一次调整后，虽然此样本还不能满足精度要求，此时也不能继续按此样本进行训练，而应考虑其他的样本。待样本集中的所有样本都被考虑一遍后，再重复这个过程，直到网络能同时满足各个样本的要求。

具体做法是，对样本集

$$S = \{(X_1, Y_1), (X_2, Y_2), \cdots, (X_s, Y_s)\}$$

网络根据 (X_1,Y_1) 计算出实际输出 O_1 和误差测度 E_1，对 $W^{(1)}$，$W^{(2)}$，…，$W^{(M)}$ 各做一次调整；在此基础上，再根据 (X_2,Y_2) 计算出实际输出 O_2 和误差测度 E_2，对 $W^{(1)}$，$W^{(2)}$，…，$W^{(M)}$ 分别做第二次调整……如此下去。本次循环最后再根据 (X_s,Y_s) 计算出实际输出 O_s 和误差测度 E_s，对 $W^{(1)}$，$W^{(2)}$，…，$W^{(M)}$ 分别做第 s 次调整。这个过程，相当于是对样本集中各个样本的一次循环处理。这个循环需要重复下去，直到对整个样本集来说，误差测度的总和满足系统的要求为止，即

$$\sum E_p < \varepsilon$$

这里，ε 为精度控制参数。按照这一处理思想，可以得出下列基本的 BP 算法。

算法 17 - 1　基本 BP 算法

```
1   for h= 1 to M do
     初始化 W^(h)；
2   初始化精度控制参数 ε；
3   E= ε+ 1；
4   while E> ε do
  4.1   E= 0；
  4.2   对 S 中的每一个样本(X_p,Y_p)；
    4.2.1   计算出 X_p 对应的实际输出O_p；
    4.2.2   计算出E_p；
    4.2.3   E = E+ E_p；
    4.2.4   根据式(17- 4)、(17- 7)调整 W^(h)；
    4.2.5   h = M - 1；
    4.2.6   while h≠0 do
         4.2.6.1   根据式(17- 9)、(17- 10)调整 W^(h)；
         4.2.6.2   h= h - 1；
  4.3   E = E/2.0
```

17.3　BP 算法的改进

实验表明，算法 17 - 1 较好地抽取了样本集中所含的输入向量和输出向量之间的关系。通过对实验结果的仔细分析会发现，BP 网络接受样本的顺序仍然对训练的结果有较大的影响。比较而言，它更"偏爱"较后出现的样本；如果每次循环都按照 (X_1,Y_1)，(X_2,Y_2)，…，(X_s,Y_s) 所给定的顺序进行训练，在网络参数学习完成投入运行后，对于与该样本序列较后的样本较接近的输入，网络所给出的输出的精度将明显高于与样本序列较前的样本较接近的输入对应的输出的精度。那么，是否可以根据样本集的具体情况，给样本集中的样本安排一个适当的顺序，以求达到基本消除样本顺序的影响，获得更好的学习效果呢？这是非常困难的。因为无论如何排列这些样本，它终归要有一个顺序，序列排得好，顺序的影响只会稍微小一些。另外，要想给样本数据排定一个顺序，本来就不是

一件容易的事情,再加上要考虑网络本身的因素,就更困难了。

样本顺序对结果的影响的原因是什么呢?深入分析算法 17-1 可以发现,造成样本顺序对结果产生严重影响的原因是:算法对 $W^{(1)}, W^{(2)}, \cdots, W^{(M)}$ 的调整是分别、依次根据 $(X_1, Y_1), (X_2, Y_2), \cdots, (X_s, Y_s)$ 完成的。分别、依次决定了网络对"后来者"的"偏爱"。实际上,按照这种方法进行训练,有时甚至会引起训练过程的严重抖动,更严重的,它可能使网络难以达到用户要求的训练精度。这是因为排在较前的样本对网络的部分影响被排在较后的样本的影响掩盖掉了,从而使排在较后的样本对最终结果的影响就要比排在较前的样本的影响大。这又一次通过知识的分布表示原理表明,信息的局部破坏不会对原信息产生致命的影响,但是这个被允许的破坏是非常有限的。此外,算法在根据后来的样本修改网络的连接矩阵时,进行的是全面的修改,这使得"信息的破坏"也变得不再是局部的。这正是BP 网络在遇到新内容时,必须重新对整个样本集进行学习的主要原因。

虽然在精度要求不高的情况下,顺序的影响有时是可以忽略的,但是还是应该尽量地消除它。那么,如何消除样本顺序对结果的影响呢?根据上述分析,算法应该避免分别、依次的出现。因此,不再分别、依次根据 $(X_1, Y_1), (X_2, Y_2), \cdots, (X_s, Y_s)$ 对 $W^{(1)}$,$W^{(2)}, \cdots, W^{(M)}$ 进行调整,而是用 $(X_1, Y_1), (X_2, Y_2), \cdots, (X_s, Y_s)$ 的"总效果"去实施对 $W^{(1)}, W^{(2)}, \cdots, W^{(M)}$ 的修改。这就可以较好地将对样本集的样本的一系列学习变成对整个样本集的学习。获取样本集"总效果"的最简单的办法是取

$$\Delta W_{ij}^{(h)} = \sum \Delta_p W_{ij}^{(h)} \qquad (17-11)$$

其中,$\sum$ 表示对整个样本集的求和,$\Delta_p W_{ij}^{(h)}$ 代表连接权 $W_{ij}^{(h)}$ 关于样本 (X_p, Y_p) 的调整量,从而得到算法 17-2。

算法 17-2 消除样本顺序影响的 BP 算法

```
1  for h = 1 to M do
   1.1 初始化 W^(h);
2  初始化精度控制参数 ε;
3  E = ε + 1;
4  while E> ε do
   4.1  E = 0;
   4.2  对所有的 i、j、h: ΔW_ij^(h) = 0;
   4.3  对 S 中的每一个样本(X_p, Y_p):
        4.3.1  计算出 X_p 对应的实际输出 O_p;
        4.3.2  计算出 E_p;
        4.3.3  E = E + E_p;
        4.3.4  对所有的 i、j: 根据式(17-7)计算 Δ_p W_ij^(M);
        4.3.5  对所有的 i、j: Δw_ij^(M) = Δw_ij^(M) + Δ_p W_ij^(M);
        4.3.6  h = M- 1;
        4.3.7  while h≠0 do
               4.3.7.1  对所有的 i、j: 根据式(17-9)计算 Δ_p W_ij^(M);
               4.3.7.2  对所有的 i、j: Δw_ij^(M) = Δw_ij^(M) + Δ_p W_ij^(M);
               4.3.7.2  h = h- 1
   4.4  对所有的 i、j、h: w_ij^(h) = w_ij^(h) + Δw_ij^(h);
   4.5  E = E/2.0
```

　　上述算法较好地解决了因样本的顺序引起的精度和训练的抖动问题,但是,该算法的收敛速度还是比较慢。为了解决收敛速度问题,人们又对算法进行了适当的改造。例如:给每一个神经元增加一个偏移量来加快收敛速度;直接在激活函数上加一个位移使其避免因获得 0 输出而使相应的连接权失去获得训练的机会;连接权的本次修改要考虑上次修改的影响,以减少抖动问题。Rumellhart 等人在 1986 年提出的考虑上次修改的影响的公式为

$$\Delta w_{ij} = \alpha \, \delta_j o_i + \beta \Delta w_{ij}' \qquad (17-12)$$

其中,$\Delta w_{ij}'$ 为上一次的修改量,β 为冲量系数,一般可取到 0.9。1987 年,Sejnowski 与 Rosenberg 给出了基于指数平滑的方法,对某些问题是非常有效的:

$$\Delta w_{ij} = \alpha((1-\beta) \, \delta_j o_i + \beta \Delta w_{ij}') \qquad (17-13)$$

其中,$\Delta w_{ij}'$ 也是上一次的修改量,β 在 0 和 1 之间取值。

17.4　BP 算法的理论

　　BP 算法有很强的理论基础。算法对网络的训练被看成是在一个高维空间中寻找一个多元函数的极小点。事实上,不妨设网络含有 M 层,各层的连接矩阵分别为

$$W^{(1)}, W^{(2)}, \cdots, W^{(M)} \qquad (17-14)$$

如果第 h 层的神经元有 H_h 个,则网络被看成一个含有

$$n \times H_1 + H_1 \times H_2 + H_2 \times H_3 + \cdots + H_{M-1} \times m \qquad (17-15)$$

个自变量的系统。该系统将针对样本集:

$$S = \{(X_1, Y_1), (X_2, Y_2), \cdots, (X_s, Y_s)\} \qquad (17-16)$$

进行训练。取网络的误差测度为该网络相对于样本集中所有样本的误差测度的总和:

$$E = \sum E_p \qquad (17-17)$$

　　式中,E_p 为网络关于样本 (X_p, Y_p) 的误差测度。由式(17-17)可知,如果对任意的

$$(X_p, Y_p) \in S \qquad (17-18)$$

均能使 $E^{(p)}$ 最小,则就可使 E 最小。因此,为了后面的叙述简洁,我们用 W_{ij} 代表 $W_{ij}^{(h)}$,用 net_j 代表相应的神经元 AN_j 的网络输入,用 E 代表 E_p,用 (X, Y) 代表 (X_p, Y_p),其中

$$X = (x_1, x_2, \cdots, x_n)$$

该样本对应的实际输出为

$$Y = (y_1, y_2, \cdots, y_m)$$

用理想输出与实际输出的方差作为相应的误差测度

$$E = \frac{1}{2} \sum_{k=1}^{m} (y_k - o_k)^2 \qquad (17-19)$$

按照最速下降法，要求 E 的极小点。应该有

$$\Delta w_{ij} \propto -\frac{\partial E}{\partial w_{ij}} \qquad (17-20)$$

这是因为 $\frac{\partial E}{\partial w_{ij}}$ 为 E 关于 ∂w_{ij} 的增长率，为了使误差减小，所以取 Δw_{ij} 与它的负值成正比。

注意到式(17-19)，需要变换出 E 相对于该式中网络此刻的实际输出的关系，因此

$$\frac{\partial E}{\partial w_{ij}} = \frac{\partial E}{\partial \text{net}_j} \cdot \frac{\partial \text{net}_j}{\partial w_{ij}} \qquad (17-21)$$

而其中的

$$\text{net}_j = \sum_k w_{kj} o_k$$

所以

$$\frac{\partial \text{net}_j}{\partial w_{ij}} = \frac{\partial \left(\sum_k w_{kj} o_k \right)}{\partial w_{ij}} = o_i \qquad (17-22)$$

将式(17-22)代入式(17-21)，可以得到

$$\frac{\partial E}{\partial w_{ij}} = \frac{\partial E}{\partial \text{net}_j} \cdot \frac{\partial \text{net}_j}{\partial w_{ij}}$$
$$= \frac{\partial E}{\partial \text{net}_j} \cdot \frac{\partial \left(\sum_k w_{kj} o_k \right)}{\partial w_{ij}}$$
$$= \frac{\partial E}{\partial \text{net}_j} \cdot o_i$$

令

$$\delta_j = -\frac{\partial E}{\partial \text{net}_j} \qquad (17-23)$$

根据式(17-20)，可以得到

$$\Delta w_{ij} = \alpha \delta_j o_i \qquad (17-24)$$

其中 α 为比例系数，在这里为学习率。

显然，当 AN_j 是网络输出层的神经元时，net_j 与 E 的函数关系比较直接，从而相应的计算比较简单。但是，当 AN_j 是隐藏层的神经元时，net_j 与 E 的函数关系就不是直接的关系，相应的计算就比较复杂了。所以，需要按照 AN_j 是输出层的神经元和隐藏层的神经元分别进行处理。

1. AN_j 为输出层神经元

当 AN_j 为输出层神经元时，注意到

$$o_j = f(net_j)$$

容易得到

$$\frac{\partial o_j}{\partial net_j} = f'(net_j) \tag{17-25}$$

从而

$$\begin{aligned}
\delta_j &= -\frac{\partial E}{\partial net_j} \\
&= -\frac{\partial E}{\partial o_j} \cdot \frac{\partial o_j}{\partial net_j} \\
&= -\frac{\partial E}{\partial o_j} \cdot f'(net_j)
\end{aligned}$$

在注意到式(17-19)

$$\begin{aligned}
\frac{\partial E}{\partial o_j} &= \frac{\partial\left(\dfrac{1}{2}\displaystyle\sum_{k=1}^{m}(y_k - o_k)^2\right)}{\partial o_j} \\
&= \frac{1}{2}\frac{\partial (y_j - o_j)^2}{\partial o_j} \\
&= -(y_j - o_j)
\end{aligned}$$

所以

$$\delta_j = (y_j - o_j)f'(net_j) \tag{17-26}$$

故，当 AN_j 为输出层的神经元时，它对应的连接权 w_{ij} 应该按照下列公式进行调整

$$\begin{aligned}
w_{ij} &= w_{ij} + \alpha\,\delta_j o_i \\
&= w_{ij} + \alpha f'(net_j)(y_j - o_j)o_i
\end{aligned} \tag{17-27}$$

2. AN_j 为隐藏层神经元

当 AN_j 为隐藏层神经元的时候，式(17-23)中的 net_j 及其对应的 $o_j(=f(net_j))$ 在 E 中是不直接出现的，所以，这个偏导数不能直接求，必须进行适当的变换。由于 net_j 是

人工智能应用与开发

隐藏层的,而式(17-23)中的 E 含的是输出层的神经元的输出,所以考虑将"信号"向网络的输出方向推进一步,使之与 $o_j = f(\mathrm{net}_j)$ 相关

$$\delta_j = \frac{\partial E}{\partial \mathrm{net}_j}$$

$$= \frac{\partial E}{\partial o_j} \cdot \frac{\partial o_j}{\partial \mathrm{net}_j}$$

由于, $o_j = f(\mathrm{net}_j)$,所以

$$\frac{\partial o_j}{\partial \mathrm{net}_j} = f'(\mathrm{net}_j)$$

从而有

$$\delta_j = -\frac{\partial E}{\partial o_j} \cdot f'(\mathrm{net}_j) \tag{17-28}$$

注意到式(17-19)

$$E = \frac{1}{2} \sum_{k=1}^{m} (y_k - o_k)^2$$

式中的 o_k 是它的所有前导层的所有神经元的输出 o_j 的函数。当前的 o_j 通过它的直接后继层的各个神经元的输出去影响下一层各个神经元的输出,最终影响到式(17-19)中的 o_k。而目前只用考虑将 o_j 送到它的直接后继层的各个神经元。不妨假定当前层(神经元 AN_j 所在的层)的后继层为第 h 层,该层各个神经元 AN_k 的网络输入为

$$\mathrm{net}_k = \sum_{i=1}^{H_{h-1}} w_{ik} o_i \tag{17-29}$$

所以, E 对 o_j 的偏导可以转换成如下形式:

$$\frac{\partial E}{\partial o_j} = \sum_{k=1}^{H_h} \left(\frac{\partial E}{\partial \mathrm{net}_k} \cdot \frac{\partial \mathrm{net}_k}{\partial o_j} \right) \tag{17-30}$$

再由式(17-29),可得

$$\frac{\partial \mathrm{net}_k}{\partial o_j} = \frac{\partial \left(\sum_{i=1}^{H_{h-1}} w_{ik} o_i \right)}{\partial o_j} = w_{jk} \tag{17-31}$$

将式(17-31)代入式(17-30),可得

$$\frac{\partial E}{\partial o_j} = \sum_{k=1}^{H_h} \left(\frac{\partial E}{\partial \mathrm{net}_k} \cdot \frac{\partial \mathrm{net}_k}{\partial o_j} \right)$$

$$= \sum_{k=1}^{H_h} \left(\frac{\partial E}{\partial \mathrm{net}_k} \cdot w_{jk} \right) \tag{17-32}$$

174

与式(17-23)中的 net_j 相比,式(17-32)中的 net_k 为较后一层的神经元的网络输入。所以,遵从的 Δw_{ij} 计算是从输出层开始,逐层向输入层推进的顺序,当要计算 AN_j 所在层的连接权的修改量时,神经元 AN_k 所在的 δ_j 层已经被计算出来。而 $\delta_k = -\dfrac{\partial E}{\partial \text{net}_j}$,即式(17-32)中的 $\dfrac{\partial E}{\partial \text{net}_j}$ 就是 $-\delta_k$。 从而

$$\frac{\partial E}{\partial o_j} = -\sum_{k=1}^{H_h} \delta_k \cdot w_{jk} \tag{17-33}$$

代入式(17-18),可得

$$\delta_j = -\frac{\partial E}{\partial o_j} \cdot f'(\text{net}_j)$$

$$= -\left(-\sum_{k=1}^{H_h} \delta_k \cdot w_{jk}\right) \cdot f'(\text{net}_j)$$

即

$$\delta_j = \left(\sum_{k=1}^{H_h} \delta_k \cdot w_{jk}\right) \cdot f'(\text{net}_j) \tag{17-34}$$

由式(17-24)

$$\Delta w_{ij} = \alpha \left(\sum_{k=1}^{H_h} \delta_k \cdot w_{jk}\right) \cdot f'(\text{net}_j) o_i$$

故,对隐藏层的神经元的连接权 w_{ij},有

$$w_{ij} = w_{ij} + \alpha \left(\sum_{k=1}^{H_h} \delta_k \cdot w_{jk}\right) \cdot f'(\text{net}_j) o_i$$

17.5　几个问题的讨论

前面曾经提到过,BP 网络是应用最为广泛的网络。例如,它曾经被用于文字识别、模式分类、文字到声音的转换、图像压缩、决策支持等。但是,有许多问题困扰着该算法。尤其是如下 5 个问题,对 BP 网络有非常大的影响,有的甚至是非常严重的。下面对这 5 个问题进行简单的讨论。

1. 收敛速度问题

BP 算法最大的弱点是它的训练很难掌握,所以建议读者在网络的调试阶段加强对网络的监视。该算法的训练速度非常慢,尤其当网络的训练达到一定程度后,其收敛速

度可能会下降到令人难以忍受的地步。蒋宗礼教授曾经做过一个试验,对一个输入向量的维数为4,输出向量的维数为3,隐藏层有7个神经元的BP网络,算法在外层循环执行到5000次之前,收敛速度较快。大约每迭代100次,误差可以下降0.001左右,但从第10000次到第20000次迭代,总的误差下降量还不到0.001。更严重的是,训练有时是发散的。

2. 局部极小点问题

BP算法用的是最速下降法,从理论上看,其训练是沿着误差曲面的斜面向下逼近的。对一个复杂的网络来说,其误差曲面是一个高维空间中的曲面,它是非常复杂不规则的,其中分布着许多局部极小点。在网络的训练过程中,一旦陷入了这样的局部极小点,用目前的算法是很难逃离出来。所以,要严密地监视训练过程,一旦发现网络在还未达到精度要求,而其训练难以取得进展时,就应该终止训练。因为此时网络已经陷入了一个局部极小点。在这种情况下,可以想办法使它逃离该局部极小点或者避开此局部极小点。"避开"的方法之一是修改 W、V 的初值,重新对网络进行训练。因为开始"下降"位置的不同,会使得网络有可能避开该极小点。但是,由于高维空间中的曲面是非常复杂的,所以,当网络真的可以"躲开"该局部极小点时,它还有可能陷入其他的局部极小点。因此,一般来讲,对局部极小点采用"躲开"的办法并不总是有效的。较好的方法是当网络掉进局部极小点时,能使它逃离该局部极小点,而向全局极小点继续前进。统计方法在一定的程度上可以实现这一功能。但是,统计方法会使网络的训练速度变得更慢。

Wasserman 在 1986 年提出,将 Cauchy 训练与 BP 算法结合起来,可以在保证训练速度不被降低的情况下找到全局极小点。

3. 网络瘫痪问题

在训练中,权可能变得很大,这会使神经元的网络输入变得很大,从而又使得其激活函数的导函数在此点上的取值很小。根据式(17-5)～(17-10),此时的训练步长会变得非常小,进而导致训练速度降得非常低,最终导致网络停止收敛。这种现象叫做网络瘫痪。因此,在对网络的连接权矩阵进行初始化时,要用不同的小伪随机数。

4. 稳定性问题

BP算法必须将整个训练集一次性提交给网络,再对它进行连接权的调整,用整个样本集中各样本所要求的修改量综合实施权的修改。这种做法虽然增加了一些额外存储要求,但却能获得较好的收敛效果。

显然,如果网络遇到的是一个连续变化的环境,它将变成无效的。由此看来,BP网络难以模拟生物系统。

5. 步长问题

BP网络的收敛是基于无穷小的权修改量,而这个无穷小的权修改量预示着需要无穷的训练时间,这显然是不行的。因此,必须适当地控制权修改量的大小。

第 17 章　BP 神经网络

显然,如果步长太小,收敛就非常慢;如果步长太大,可能会导致网络的瘫痪和不稳定。较好的解决办法是设计一个自适应步长,使得权修改量能随着网络的训练而不断变化。一般来说,在训练的初期,权修改量可以大一些,到了训练的后期,权修改量可以小一些。1988 年,Wasserman 曾经提出过一个自适应步长算法,该算法可以在训练的过程中自动地调整步长。

17.6　应用举例——基于 BP 神经网络的溶解氧预测

17.6.1　问题描述

溶解氧(dissolved oxygen,DO)在水体中的含量能够反映水体的污染程度、生物的生长状况,它是衡量水质优劣的重要指标之一。国内外相关文献表明溶解氧的含量受到多种因素的影响,如水温、pH 值、生物种类等,同时直接或者间接影响着养殖生物的生长。因此,在水产养殖的过程中监测水溶解氧的含量,预测其变化趋势对水产养殖有着重要意义。

近年来对溶解氧的预测方法主要有时间序列预测、支持向量机、组合预测、人工神经网络等。时间序列预测方法对不同的水环境中溶解氧含量进行预测,由于在不同的水环境中,溶解氧的变化受到多种因素影响,时间序列模型只考虑了预测变量与自身历史变化之间的关系,缺乏对相关影响因子的考虑,从而准确性较差。支持向量机方法是对有限样本设计的学习方法,对于大规模的数据集,存在着算法效率低、大量冗余支撑向量、缺乏好的参数选择策略等问题。由于神经网络具有自学习、自组织、并行处理信息和处理非线性信息的能力,能够挖掘数据背后的很难用数学式描述的非线性特征,弥补了传统时间序列模型的不足,从而被广泛应用于溶解氧预测问题。

本实验使用课题组 2016 年 4 月 5 日～25 日的水质监测数据来构建 BP 神经网络模型进行预测,该数据来自英国 Aquaread 公司的 AP‐2000 型多参数水质仪探测到的水温(TEMP)、酸碱度(pH)、氧化还原电位(ORP)、溶解氧(DO)、盐度(SAL)、浊度(TDS)和海水比重(SSG)共 7 项参数。水质检测仪每三分钟获取一组数据,共 9 600 组。根据长时间监测数据表明,每小时内各项参数指标浮动范围很小,因此可以小时为单位,计算每小时各项参数的平均值,得到共计 480 组数据。

17.6.2　实验环境

本节实验环境为基于 Python 3.6 的 TensorFlow 1.3 框架与 Keras 2.0.8 框架,GPU 为 NVIDIA GTX 1080Ti,通过 CUDA8.0 进行加速运算,CPU 为 AMD Ryzen Threadripper 1950X。

17.6.3 模型设计

BP 神经网络是一种单向传播的多层前向型网络,具有三层或三层以上的神经网络,包括输入层、中间层(隐层)和输出层。上下层之间实现全连接,而每层神经元之间无连接。BP 网络的传递函数要求必须可求导,通常选取 S 型函数。算法的学习过程由正向传播和反向传播组成。在正向传播过程中,首先,从样本集中取一个样本 (X_p, Y_p) 输入网络;然后,计算相应的实际输出 O_p。在反向传播过程中,首先计算实际输出 O_p 与相应的理想输出 Y_p 的差;然后按极小化误差的方式调整权矩阵,直到 $\Sigma E_p < \varepsilon$。

由于各个参数的数量级不同,本实验采取零均值归一化对数据进行处理。取样本的 80% 作为训练集用于网络训练,剩下的 20% 作为测试集验证精度。本实验采用 6-14-1 的 BP 神经网络模型,使用归一化后的六个参数作为输入,隐层节点设置为 14 个,输出值为溶解氧含量,每一层的激活函数都为 sigmoid 函数。训练的通用参数设置迭代次数为 200,批大小为 8,将学习率设置为 0.01。

17.6.4 代码实现

1) 导入所需要的函数库

```
from keras.models import Sequential
from keras.layers import Dense
import pandas as pd
from sklearn.model_selection import train_test_split
from sklearn.preprocessing import StandardScaler
from keras.optimizers import Adam
import matplotlib.pyplot as plt
```

2) 使用 pandas 读取目标 excel 文件,分别读取水质数据和溶解氧值

```
data = pd.read_excel('数据.xlsx')
y = data['溶解氧'].values
x = data.drop(['溶解氧'], axis = 1)
```

3) 使用 sklearn 对输入数据进行零均值归一化

```
scaler = StandardScaler ().fit(x)
x = pd.DataFrame(scaler.transform(x)).values
```

4) 使用 sklearn 的分割函数将归一化后的数据和溶解氧值按照 80% 和 20% 的比例分为训练集和测试集

```
# 设定训练集和测试集
x_train, x_test, y_train, y_test = train_test_split(x, y, test_size = 0.2)
```

5) 使用 keras 搭建模型,批量大小设置为 8,学习率设置为 0.01,优化器选用 Adam,训练次数为 200 次,对模型进行优化

```
# keras 的序贯模型
model = Sequential()
# 搭建 3 层的 BP 神经网络的结构,units 表示隐含层神经元数,input_dim 表示输入层神经元数,
# activation 表示激活函数
model.add(Dense(units = 14, input_dim = x_train.shape[1], activation = 'sigmoid'))
model.add(Dense(units = 1, input_dim = 14, activation = 'sigmoid'))
# loss 表示损失函数,这里损失函数为 mse,优化算法采用 Adam,metrics 表示训练集的拟合误差
model.compile(loss = 'mse', optimizer = Adam(lr = 0.01), metrics = ['mape'])
model.summary()
history = model.fit(x_train, y_train, epochs = 200, batch_size = 8)
```

6) 绘制蓝色折现损失函数曲线,图例为 Train_loss

```
loss = history.history['loss']
epochs = range(len(loss))
plt.plot(epochs, loss, '- b.', label= 'Train_loss')
plt.legend()
```

7) 使用训练好的模型对测试样本进行预测

```
result = model.predict(x_test, batch_size = 1)
print(y_test)
print('测试集的预测结果为: ', result)
```

8) 新建一张图,对预测值和实际值进行可视化。其中预测值用红色虚线表示,实际值用默认的蓝色折现表示

```
# 对预测结果和实际值进行可视化
plt.figure()
plt.plot(y_test, label = 'true data')
plt.plot(result, 'r: ',label = 'predict')
plt.legend()
plt.show()
```

17.6.5　结果分析

本实验采取的训练停止方式为固定训练 200 次循环,也可以设置为目标误差达到一定值后训练停止。经过 200 次训练该模型损失值基本不再下降,模型达到了拟合状态,训练集损失值下降到 0.009,损失函数曲线较好(见图 17 - 6)。

本实验使用训练好的模型对剩下 20% 的测试集的溶解氧含量进行预测,并与真实数据进行对比,结果如图 17 - 7 所示,除溶解氧变化峰值与谷值处有略大误差,整体在测试集上神经网络模型预测得到的水溶解氧(DO)预测输出与实际值有较好的吻合。

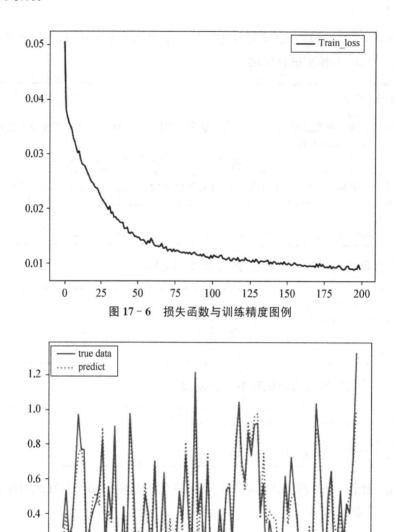

图 17 - 6　损失函数与训练精度图例

图 17 - 7　预测结果与实际值

17.7　本章小结

本章主要介绍了 BP 神经网络的基本概念、基本算法、算法理论推导及其存在的局限性,并通过应用举例帮助读者更好地掌握如何运用 BP 神经网络模型解决实际问题。

第18章 循环神经网络

循环神经网络（recurrent neural network，RNN）是一种以序列数据为输入，且所有循环节点按链式连接的神经网络。1982年，约翰·霍普菲尔德提出Hopfield网络，网络内部有反馈连接，能够处理信号中的时间依赖性；1986年，Michael Jordan在神经网络中引入循环连接；1990年，Jeffrey Elman正式提出RNN模型，RNN具备有限短期记忆；1997年，Sepp Hochreiter发现了高深度网络所遇到的梯度消失问题，发明了长短期记忆（long short-term memory，LSTM）循环网络；2003年，Yoshua Bengio提出了基于RNN的N元统计模型，解决了分词特征表征和维度魔咒问题。2010年以后，循环神经网络成为深度学习的重要模型之一，并诞生了很多智能语音应用，如SIRI，Alexa等。

RNN是一类功能强大的人工神经网络算法，其基本特点是每个神经元在t时刻的输出会作为$t+1$时刻输入的一部分，可以实现对变长序列数据的建模。RNN神经元的基本功能是接收向量化表示的序列中当前时刻的信息以及上一时刻的输出作为输入，对其进行非线性变换后得到输出，神经元的输出可以被认为是对当前时刻之前的子序列的编码。RNN具有如下优点：① 具有挖掘语义信息的分布式表达能力；② 能在序列预测中明确地学习和利用背景信息；③ 具有长时间范围内学习和执行数据的复杂转换能力。RNN存在缺点：① 会造成梯度消失问题；② 会造成梯度爆炸问题。

LSTM引入改进网络结构的机制，通过门结构和记忆单元状态的设计，改变传统RNN中的记忆模块，让时间序列中的关键信息有效地更新和传递，有效地将长距离信息保存在隐藏层中。相较于RNN的隐藏单元，LSTM的隐藏单元的内部结构更加复杂，信息在沿着网络流动的过程中，通过增加线性干预使得LSTM能够对信息有选择地添加或者减少。GRU是LSTM网络的一种效果很好的变体，它较LSTM网络的结构更加简单，而且效果也很好，因此也是当前非常流行的一种网络。

18.1 循环神经网络简介

循环神经网络（RNN）是一种强大的深度神经网络，在对具有长期依赖性的时序数据处理上效果显著。与传统的深度神经网络(deep neural network,DNN)不同,DNN 的信息从输入层到隐含层再到输出层单向流动,并且层与层之间是全连接,每层之间的节点之间无连接。而 RNN 通过引入环状结构建立了神经元到自身的连接。利用这种连接方式,RNN 能够将上一时刻的输入以"记忆"的形式存储在网络中,并对下一步的网络输出产生影响。因此 RNN 可以将完整的一段历史状态映射到每一个输出,RNN 在时间序列数据的预测问题中,有着比 DNN 更优的表现。

18.1.1 RNN 的网络结构

RNN 应用于输入数据具有依赖性且是序列模式时的场景,即前一个输入和后一个输入是有关系的。RNN 的网络结构通过隐藏层上的回路连接,前一时刻的网络状态能够传递给当前时刻,当前时刻的状态也可以传递给下一时刻。如图 18-1 所示。

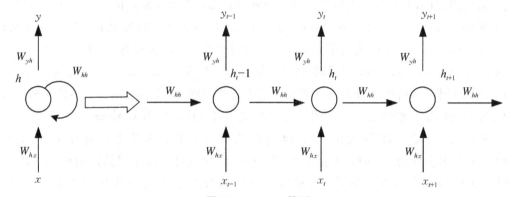

图 18-1 RNN 模型

$$h_t = f(\boldsymbol{W}_{hx}x_t + \boldsymbol{W}_{hh}h_{t-1} + b_h) \tag{18-1}$$
$$y_t = g(\boldsymbol{W}_{yh}h_t + b_y) \tag{18-2}$$

式中,$\boldsymbol{W}_{hx}$,$\boldsymbol{W}_{hh}$,$\boldsymbol{W}_{yh}$ 分别为输入层到隐含层的权重矩阵、隐含层自循环的权重矩阵、隐含层到输出层的权重矩阵;b_h,b_y 分别为隐含层和输出层的偏置量;$f(\cdot)$,$g(\cdot)$ 分别为隐含层和输出层的激活函数。RNN 利用 t 时刻隐含层的状态 h_t 对网络状态进行记忆,t 时刻的隐含层状态包含了前面所有步的隐含层状态。理论上,RNN 可以利用任意长的序列信息,在实践中,为了降低网络的复杂度,h_t 只包含前面若干步而不是所有步的隐含层状态。

关于 RNN 的几点说明:

(1) 把 h_t 当作隐状态,捕捉之前时间点上的信息。

(2) y_t 是由当前时刻以及之前所有的记忆得到的。

(3) h_t 并不能捕捉之前所有时间点上的信息。

(4) 网络中神经元共享一组权值参数,可极大地降低计算量。

（5）在很多情况下不需要计算所有时刻的 y_t，因为很多任务，比如文本情感分析，都是只关注最后的结果。

18.1.2　RNN 的改进：双向 RNN

双向 RNN 可以同时利用过去与未来时刻的信息，将时间序列信息分为前后两个方向输入到模型里，并构建向前层与向后层用来保存两个方向的信息，同时输出层需要等待向前层与向后层完成更新。

双向 RNN 的整个计算过程与单向循环神经网络类似，即在单向循环神经网络的基础上增加了一层方向相反的隐含层。从输入层到输出层的传播过程中，共有 6 个共享权值。在图 18 - 2 中，W_0 表示输入层与向前层之间的权重值，W_1 表示上一时刻隐含层到当前时刻隐含层之间的权重值，W_2 表示输入层与向后层之间的权重值，W_3 表示向前层与输出层之间的权重值，W_4 表示下一时刻隐含层到当前时刻隐含层之间的权重值，W_5 表示向后层与输出层之间的权重值。双向 RNN 结构向前传播的计算过程如下列公式。

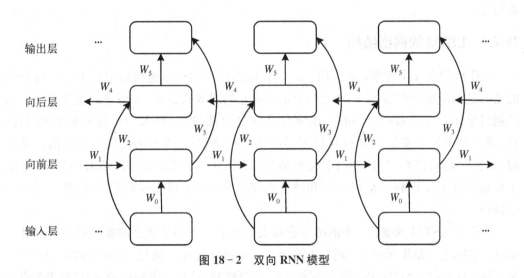

图 18 - 2　双向 RNN 模型

从前往后：

$$s_t = f(W_0 x_t + W_1 s_{t-1} + b) \tag{18-3}$$

从后往前：

$$h_t = f(W_2 x_t + W_4 h_{t+1} + b_1) \tag{18-4}$$

输出：

$$y_t = g(W_3 s_t + W_5 h_t) \tag{18-5}$$

其中，x_t 表示在 t 时刻的输入，s_t 表示向前层的第 t 个节点的输出，h_t 表示向后层的第 t 个节点的输出，y_t 表示在 t 时刻的输出，b 和 b_1 表示偏置参数，f 和 g 均表示激活函数。相对于传统的 RNN 而言，双向 RNN 实现了同时利用过去与未来时刻的信息，因此记忆效果比之前更佳。

18.2　长短期记忆网络简介

RNN 神经网络模型虽然在处理时间序列问题上拥有一定的优势，但对长度过长的时序数据，标准的 RNN 会因为梯度消失或梯度爆炸问题而无法捕捉长期依赖。为了学习长期依赖关系，Sepp Hochreiter 提出了 LSTM 网络。LSTM 的门控机制可以控制信息的选择性通过，使记忆细胞具有保存长期信息依赖的能力，同时在训练过程中还可以防止内部梯度受到外部干扰。每个记忆细胞都存在一个自循环连接线性单元，可以使误差在记忆单元内部以恒定值传播，较为有效地解决了传统 RNN 所存在的梯度消失和短时记忆等问题。

18.2.1　LSTM 的网络结构

LSTM 包含 4 个元素：遗忘门、输入门、输出门和循环自连接的记忆细胞。遗忘门的输入是当前单元的输入 x_t 和上一个记忆单元的隐藏状态 h_{t-1}，该单元是将上一层的控制门单元 C_{t-1} 直接与 f_t 相乘，决定什么信息会被遗弃；输入门决定存储需要的信息，将保留下来的新信息 i_t 与新数据形成的控制参数 $\widetilde{C}_t$ 相乘决定什么样数据会被保留；输出门将输出 O_t 与控制门单元相结合，获得当前隐藏层的输出结果；记忆细胞用于更新操作 C_t，即将记忆门单元和遗忘门单元相加，组成了控制门单元传入到下一个阶段。

在进入 LSTM 细胞状态中的第一步是决定从上一个细胞状态的输出值中丢弃什么信息。实际上就是先通过上一时刻的输出 h_{t-1} 与当前输入 x_t 通过 sigmoid 激活层产生一个 0 到 1 间的数，通过这个数的大小决定上一时刻的信息 C_{t-1} 的通过量，通过量多少直接取决于当前时刻的输入信息是否有价值。

第二步是决定让当前输入的向量信息中多少更新到记忆细胞状态中来。实现这个需要包括两个步骤：首先，一个具有权重矩阵的 sigmoid 层决定哪些权重需要更新，即生成一个 0 到 1 的值，来乘以权重向量，从而更新细胞状态。通过 tanh 层用来更新新候选值 C_t。在下一步，门控单元将这两部分联合起来，对记忆细胞状态进行更新。

第三步是更新细胞状态的值，即将 C_{t-1} 更新为 C_t。将旧状态 C_{t-1} 与 f_t 相乘，丢弃掉遗忘门确定需要丢弃的信息，再加上 $i_t * \widetilde{C}_t$，就可获得新状态 C_t。

最后，模型的输出门部分需要确定输出什么值。这个输出将会基于单元的细胞状态，通过函数进行数据过滤。首先，模型通过运行一个 sigmoid 层来确定细胞状态的哪个部分将输出。接着,将细胞状态通过 tanh 进行处理(得到一个在 -1 到 1 之间的值)并将它和 sigmoid 层的输出相乘,最终单元会只输出确定输出的那部分。相关公式(18-8)至公式(18-11)是 t 时刻一个 LSTM 记忆单元内前向传播的公式。图 18-3 是 LSTM 记忆单元结构。

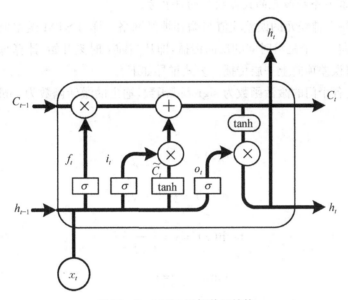

图 18-3　LSTM 记忆单元结构

$$f_t = \sigma(W_f \cdot [h_{t-1}, x_t] + b_f) \tag{18-6}$$

$$i_t = \sigma(W_i \cdot [h_{t-1}, x_t] + b_i) \tag{18-7}$$

$$o_t = \sigma(W_o \cdot [h_{t-1}, x_t] + b_o) \tag{18-8}$$

$$C_t = f_t * C_{t-1} + i_t * \widetilde{C}_t \tag{18-9}$$

其中,

$$h_t = o_t * \tanh(C_t) \tag{18-10}$$

$$\widetilde{C}_t = \tanh(W_C \cdot [h_{t-1}, x_t] + b_C) \tag{18-11}$$

W_f、W_i、W_o 和 W_C 分别是遗忘门、输入门、输出门和记忆细胞的权值;b_f、b_i、b_o 和 b_C 分别是遗忘门、输入门、输出门和记忆细胞的偏置量;$\sigma(\bullet)$ 为 sigmoid 函数。

输入门与遗忘门都是作用于细胞状态上,输出门则是作用于隐藏层上。其实 LSTM 本身就是一种特殊的 RNN 模型,普通 RNN 隐藏层内部非常简单,通过当前输入与上一时刻的输出来得到当前的输出。而与普通 RNN 模型不同,LSTM 的隐藏层相对复杂一些。

LSTM 的训练算法仍然是反向传播算法,对于这个算法主要有三个步骤:一是前向计算每个神经元的输出值;二是反向计算每个神经元的误差项值;三是根据相应的误差项,计算每个权重的梯度。对于 LSTM 来说,前向计算每个神经元的输出值就是指 f_t、i_t、c_t、o_t、h_t 五个向量的值。计算方法已经在上文描述。接下来重点介绍第二和第三个步骤的计算方法。

1. 反向计算每个神经元的误差项值的计算方法

反向计算每个神经元的误差项值与循环神经网络一样,LSTM 误差项的反向传播也是包括两个方向:一个是沿时间的反向传播,即从当前 t 时刻开始,计算每个时刻的误差项;另一个是将误差项向上一层传播。公式推导如下。

首先,设定各个门的激活函数为 sigmoid 函数,输出的激活函数为 tanh 函数,它们的导数分别为

$$\sigma(z) = y = \frac{1}{1 + e^{-z}} \qquad (18-12)$$

$$\sigma'(z) = y(1 - y) \qquad (18-13)$$

$$\tanh(z) = y = \frac{e^z - e^{-z}}{e^z + e^{-z}} \qquad (18-14)$$

$$\tanh'(z) = 1 - y^2 \qquad (18-15)$$

由此可知,sigmoid 和 tanh 函数的导数都是原函数的函数。因此,只要计算出原函数的值,就可以用它来计算出导数的值。

LSTM 需要学习的参数共有 8 组,分别是:遗忘门的权重矩阵 W_f 和偏置项 b_f、输入门的权重矩阵 W_i 和偏置项 b_i、输出门的权重矩阵 W_o 和偏置项 b_o,以及计算单元状态的权重矩阵 W_c 和偏置项 b_c。因为权重矩阵的两部分在反向传播中使用不同的公式,因此在后续的推导中,权重矩阵 W_f、W_i、W_o、W_c 都将被写为分开的两个矩阵:W_{fh}、W_{fx}、W_{ih}、W_{ix}、W_{oh}、W_{ox}、W_{ch}、W_{cx}。

解释一下按元素乘 $*$ 符号。当符号 $*$ 作用于一个向量和一个矩阵时,运算如下:

$$
\boldsymbol{a} * \boldsymbol{X} =
\begin{bmatrix}
a_1 \\
a_2 \\
a_3 \\
\cdots \\
a_n
\end{bmatrix}
*
\begin{bmatrix}
x_{11} & x_{12} & x_{13} & \cdots & x_{1n} \\
x_{21} & x_{22} & x_{23} & \cdots & x_{2n} \\
x_{31} & x_{32} & x_{33} & \cdots & x_{3n} \\
\cdots & \cdots & \cdots & \cdots & \cdots \\
x_{n1} & x_{n2} & x_{n3} & \cdots & x_{nn}
\end{bmatrix}
$$

$$
=
\begin{bmatrix}
a_1 x_{11} & a_1 x_{12} & a_1 x_{13} & \cdots & a_1 x_{1n} \\
a_2 x_{21} & a_2 x_{22} & a_2 x_{23} & \cdots & a_2 x_{2n} \\
a_3 x_{31} & a_3 x_{32} & a_3 x_{33} & \cdots & a_3 x_{3n} \\
\cdots & \cdots & \cdots & \cdots & \cdots \\
a_n x_{n1} & a_n x_{n2} & a_n x_{n3} & \cdots & a_n x_{nn}
\end{bmatrix}
\qquad (18-16)
$$

当 ∗ 作用于两个矩阵时,两个矩阵对应位置的元素相乘。按元素乘可以在某些情况下简化矩阵和向量运算。例如,当一个对角矩阵右乘一个矩阵时,相当于用对角矩阵的对角线组成的向量按元素乘那个矩阵:

$$\mathrm{diag}[\boldsymbol{a}]\boldsymbol{X} = \boldsymbol{a} * \boldsymbol{X} \tag{18-17}$$

当一个行向量右乘一个对角矩阵时,相当于这个行向量按元素乘那个矩阵对角线组成的向量为

$$\boldsymbol{a}^{\mathrm{T}}\mathrm{diag}[\boldsymbol{b}] = \boldsymbol{a} * \boldsymbol{b} \tag{18-18}$$

在 t 时刻,LSTM 的输出值为 h_t,可定义 t 时刻的误差项 δ_t 为

$$\delta_t \stackrel{\mathrm{def}}{=\!=} \frac{\partial E}{\partial h_t} \tag{18-19}$$

注意,这里假设误差项是损失函数对输出值的导数,而不是对加权输入 net_t^l 的导数。因为 LSTM 有四个加权输入,分别对应 f_t、i_t、c_t、o_t,希望往上一层传递一个误差项而不是四个。但仍然需要定义出这四个加权输入,以及它们对应的误差项。

$$\begin{aligned}
\mathrm{net}_{f,t} &= W_f[h_{t-1}, x_t] + b_f = W_{fh}h_{t-1} + W_{fx}x_t + b_f \\
\mathrm{net}_{i,t} &= W_i[h_{t-1}, x_t] + b_i = W_{ih}h_{t-1} + W_{ix}x_t + b_i \\
\mathrm{net}_{\tilde{c},t} &= W_c[h_{t-1}, x_t] + b_c = W_{ch}h_{t-1} + W_{cx}x_t + b_c \\
\mathrm{net}_{o,t} &= W_o[h_{t-1}, x_t] + b_o = W_{oh}h_{t-1} + W_{ox}x_t + b_o
\end{aligned} \tag{18-20}$$

$$\begin{aligned}
\delta_{f,t} &\stackrel{\mathrm{def}}{=\!=} \frac{\partial E}{\partial \,\mathrm{net}_{f,t}} \\
\delta_{i,t} &\stackrel{\mathrm{def}}{=\!=} \frac{\partial E}{\partial \,\mathrm{net}_{i,t}} \\
\delta_{\tilde{c},t} &\stackrel{\mathrm{def}}{=\!=} \frac{\partial E}{\partial \,\mathrm{net}_{\tilde{c},t}} \\
\delta_{o,t} &\stackrel{\mathrm{def}}{=\!=} \frac{\partial E}{\partial \,\mathrm{net}_{o,t}}
\end{aligned} \tag{18-21}$$

1) 误差项沿时间的反向传递

沿时间反向传递误差项,就是要计算出 $t-1$ 时刻的误差项 δ_{t-1}。

$$\delta_{t-1}^T = \frac{\partial E}{\partial h_{t-1}} = \frac{\partial E}{\partial h_t}\frac{\partial h_t}{\partial h_{t-1}} = \delta_t^T\frac{\partial h_t}{\partial h_{t-1}} \tag{18-22}$$

我们知道,$\dfrac{\partial h_t}{\partial h_{t-1}}$ 是一个 Jacobian 矩阵。如果隐藏层 h 的维度为 N,那么它就是一个 $N \times N$ 的矩阵。为了求出它,我们列出计算公式:

$$h_t = o_t * \tanh(C_t) \tag{18-23}$$

$$C_t = f_t * C_{t-1} + i_t * \widetilde{C}_t \qquad (18-24)$$

显然，f_t、i_t、$\tilde{c}_t$、o_t 都是 h_{t-1} 的函数，那么，利用全导数公式可得：

$$\delta_t^T \frac{\partial h_t}{\partial h_{t-1}} = \delta_t^T \frac{\partial h_t}{\partial o_t} \frac{\partial o_t}{\partial \mathrm{net}_{o,t}} \frac{\partial \mathrm{net}_{o,t}}{\partial h_{t-1}} + \delta_t^T \frac{\partial h_t}{\partial c_t} \frac{\partial c_t}{\partial f_t} \frac{\partial f_t}{\partial \mathrm{net}_{f,t}} \frac{\partial \mathrm{net}_{f,t}}{\partial h_{t-1}}$$

$$+ \delta_t^T \frac{\partial h_t}{\partial c_t} \frac{\partial c_t}{\partial i_t} \frac{\partial i_t}{\partial \mathrm{net}_{i,t}} \frac{\partial \mathrm{net}_{i,t}}{\partial h_{t-1}} + \delta_t^T \frac{\partial h_t}{\partial c_t} \frac{\partial c_t}{\partial \tilde{c}_t} \frac{\partial \tilde{c}_t}{\partial \mathrm{net}_{\tilde{c},t}} \frac{\partial \mathrm{net}_{\tilde{c},t}}{\partial h_{t-1}} \qquad (18-25)$$

下面要把上式中的每个偏导数都求出来。根据公式(18-23)可以求出：

$$\frac{\partial h_t}{\partial o_t} = \mathrm{diag}[\tanh(c_t)] \qquad (18-26)$$

$$\frac{\partial h_t}{\partial c_t} = \mathrm{diag}[o_t * (1 - \tanh(c_t)^2)] \qquad (18-27)$$

根据公式(18-24)，可以求出：

$$\frac{\partial c_t}{\partial f_t} = \mathrm{diag}[c_{t-1}]$$

$$\frac{\partial c_t}{\partial i_t} = \mathrm{diag}[\tilde{c}_t]$$

$$\frac{\partial c_t}{\partial \tilde{c}_t} = \mathrm{diag}[i_t] \qquad (18-28)$$

因为：

$$o_t = \sigma(\mathrm{net}_{o,t})$$
$$\mathrm{net}_{o,t} = \boldsymbol{W}_{oh} h_{t-1} + \boldsymbol{W}_{ox} x_t + b_o$$
$$f_t = \sigma(\mathrm{net}_{f,t})$$
$$\mathrm{net}_{f,t} = \boldsymbol{W}_{fh} h_{t-1} + \boldsymbol{W}_{fx} x_t + b_f$$
$$i_t = \sigma(\mathrm{net}_{i,t})$$
$$\mathrm{net}_{i,t} = \boldsymbol{W}_{ih} h_{t-1} + \boldsymbol{W}_{ix} x_t + b_i$$
$$\tilde{c}_t = \sigma(\mathrm{net}_{\tilde{c},t})$$
$$\mathrm{net}_{\tilde{c},t} = \boldsymbol{W}_{ch} h_{t-1} + \boldsymbol{W}_{cx} x_t + b_c \qquad (18-29)$$

容易得出：

$$\frac{\partial o_t}{\partial \mathrm{net}_{o,t}} = \mathrm{diag}[o_t * (1 - o_t)]$$

$$\frac{\partial \mathrm{net}_{o,t}}{\partial h_{t-1}} = \boldsymbol{W}_{oh}$$

$$\frac{\partial f_t}{\partial \mathrm{net}_{f,t}} = \mathrm{diag}[f_t * (1 - f_t)]$$

$$\frac{\partial \, \text{net}_{f,t}}{\partial h_{t-1}} = \boldsymbol{W}_{fh}$$

$$\frac{\partial \, i_t}{\partial \, \text{net}_{i,t}} = \text{diag}[\, i_t * (1 - i_t)\,]$$

$$\frac{\partial \, \text{net}_{i,t}}{\partial h_{t-1}} = \boldsymbol{W}_{ih}$$

$$\frac{\partial \, \tilde{c}_t}{\partial \, \text{net}_{\tilde{c},t}} = \text{diag}[\, 1 - \tilde{c}^2\,]$$

$$\frac{\partial \, \text{net}_{\tilde{c},t}}{\partial h_{t-1}} = \text{W}_{ch} \tag{18-30}$$

将上述偏导数带入到式(18-25)和式(18-22),可以得到:

$$\delta_{t-1}^T = \delta_{o,t}^T \frac{\partial \, \text{net}_{o,t}}{\partial h_{t-1}} + \delta_{f,t}^T \frac{\partial \, \text{net}_{f,t}}{\partial h_{t-1}} + \delta_{i,t}^T \frac{\partial \, \text{net}_{i,t}}{\partial h_{t-1}} + \delta_{\tilde{c},t}^T \frac{\partial \, \text{net}_{\tilde{c},t}}{\partial h_{t-1}}$$

$$= \delta_{o,t}^T \boldsymbol{W}_{oh} + \delta_{f,t}^T \boldsymbol{W}_{fh} + \delta_{i,t}^T \boldsymbol{W}_{ih} + \delta_{\tilde{c},t}^T \boldsymbol{W}_{\tilde{c}h} \tag{18-31}$$

其中, $\delta_{o,t}^T$、$\delta_{f,t}^T$、$\delta_{i,t}^T$、$\delta_{\tilde{c},t}^T$ 的取值可根据公式(18-32)计算获得。

$$\delta_{o,t}^T = \delta_t^T * \tanh(c_t) * o_t * (1 - o_t)$$

$$\delta_{f,t}^T = \delta_t^T * o_t * (1 - \tanh(c_t)^2) * c_{t-1} * f_t * (1 - f_t)$$

$$\delta_{i,t}^T = \delta_t^T * o_t * (1 - \tanh(c_t)^2) * \tilde{c}_t * i_t * (1 - i_t)$$

$$\delta_{\tilde{c},t}^T = \delta_t^T * o_t * (1 - \tanh(c_t)^2) * i_t * (1 - \tilde{c}^2) \tag{18-32}$$

以上 5 个算式就是将误差沿时间反向传播一个时刻的公式。有了它,可以写出将误差项向前传递到任意 k 时刻的公式:

$$\delta_k^T = \prod_{j=k}^{t-1} \delta_{o,j}^T \boldsymbol{W}_{oh} + \delta_{f,j}^T \boldsymbol{W}_{fh} + \delta_{i,j}^T \boldsymbol{W}_{ih} + \delta_{\tilde{c},j}^T \boldsymbol{W}_{\tilde{c}h} \tag{18-33}$$

2) 将误差项传递到上一层

假设当前为第 l 层,定义 $l-1$ 层的误差项是误差函数对 $l-1$ 层加权输入的导数,即:

$$\delta_t^{l-1} \stackrel{\text{def}}{=\!=} \frac{\partial E}{\text{net}_t^{l-1}} \tag{18-34}$$

第 l 层 LSTM 的输入 x_t^l 由公式(18-35)计算,其中 f^{l-1} 表示第 $l-1$ 层的激活函数:

$$x_t^l = f^{l-1}(\text{net}_t^{l-1}) \tag{18-35}$$

因为 $\mathrm{net}_{f,t}^{l}$、$\mathrm{net}_{i,t}^{l}$、$\mathrm{net}_{\bar{c},t}^{l}$、$\mathrm{net}_{o,t}^{l}$ 都是 x_t^l 的函数，x_t 又是 net_t^{l-1} 的函数，因此，要求出 E 对 net_t^{l-1} 的导数，就需要使用全导数公式(18-36)：

$$
\begin{aligned}
\frac{\partial E}{\partial \mathrm{net}_t^{l-1}} &= \frac{\partial E}{\partial \mathrm{net}_{f,t}^l}\frac{\partial \mathrm{net}_{f,t}^l}{\partial x_t^l}\frac{\partial x_t^l}{\partial \mathrm{net}_t^{l-1}} + \frac{\partial E}{\partial \mathrm{net}_{i,t}^l}\frac{\partial \mathrm{net}_{i,t}^l}{\partial x_t^l}\frac{\partial x_t^l}{\partial \mathrm{net}_t^{l-1}} \\
&\quad + \frac{\partial E}{\partial \mathrm{net}_{\bar{c},t}^l}\frac{\partial \mathrm{net}_{\bar{c},t}^l}{\partial x_t^l}\frac{\partial x_t^l}{\partial \mathrm{net}_t^{l-1}} + \frac{\partial E}{\partial \mathrm{net}_{o,t}^l}\frac{\partial \mathrm{net}_{o,t}^l}{\partial x_t^l}\frac{\partial x_t^l}{\partial \mathrm{net}_t^{l-1}} \\
&= \delta_{f,t}^T \boldsymbol{W}_{fx} * f'(\mathrm{net}_t^{l-1}) + \delta_{i,t}^T \boldsymbol{W}_{ix} * f'(\mathrm{net}_t^{l-1}) \\
&\quad + \delta_{\bar{c},t}^T \boldsymbol{W}_{cx} * f'(\mathrm{net}_t^{l-1}) + \delta_{o,t}^T \boldsymbol{W}_{ox} * f'(\mathrm{net}_t^{l-1}) \\
&= (\delta_{f,t}^T \boldsymbol{W}_{fx} + \delta_{i,t}^T \boldsymbol{W}_{ix} + \delta_{\bar{c},t}^T \boldsymbol{W}_{cx} + \delta_{o,t}^T \boldsymbol{W}_{ox}) * f'(\mathrm{net}_t^{l-1})
\end{aligned}
\tag{18-36}
$$

上式就是误差传递到上一层的公式。

2. 每个权重梯度的计算方法

对于 $\boldsymbol{W}_{fh}$、$\boldsymbol{W}_{ih}$、$\boldsymbol{W}_{ch}$、$\boldsymbol{W}_{oh}$ 的权重梯度，可以知道它的梯度是各个时刻梯度之和，可以先求出它们在 t 时刻的梯度，然后再求出它们最终的梯度。

我们已经求得了误差项 $\delta_{o,t}$、$\delta_{f,t}$、$\delta_{i,t}$、$\delta_{\bar{c},t}$，很容易求出 t 时刻的 $\boldsymbol{W}_{oh}$、$\boldsymbol{W}_{fh}$、$\boldsymbol{W}_{ih}$ 和 $\boldsymbol{W}_{ch}$：

$$
\frac{\partial E}{\partial \boldsymbol{W}_{oh,t}} = \frac{\partial E}{\partial \mathrm{net}_{o,t}}\frac{\partial \mathrm{net}_{o,t}}{\partial \boldsymbol{W}_{oh,t}} = \delta_{o,t} h_{t-1}^T
$$

$$
\frac{\partial E}{\partial \boldsymbol{W}_{fh,t}} = \frac{\partial E}{\partial \mathrm{net}_{f,t}}\frac{\partial \mathrm{net}_{f,t}}{\partial \boldsymbol{W}_{fh,t}} = \delta_{f,t} h_{t-1}^T
$$

$$
\frac{\partial E}{\partial \boldsymbol{W}_{ih,t}} = \frac{\partial E}{\partial \mathrm{net}_{i,t}}\frac{\partial \mathrm{net}_{i,t}}{\partial \boldsymbol{W}_{ih,t}} = \delta_{i,t} h_{t-1}^T
$$

$$
\frac{\partial E}{\partial \boldsymbol{W}_{ch,t}} = \frac{\partial E}{\partial \mathrm{net}_{\bar{c},t}}\frac{\partial \mathrm{net}_{\bar{c},t}}{\partial \boldsymbol{W}_{ch,t}} = \delta_{\bar{c},t} h_{t-1}^T
\tag{18-37}
$$

将各个时刻的梯度加在一起，就能得到最终的梯度，即

$$
\frac{\partial E}{\partial \boldsymbol{W}_{oh}} = \sum_{j=1}^t \delta_{o,t} h_{j-1}^T
$$

$$
\frac{\partial E}{\partial \boldsymbol{W}_{fh}} = \sum_{j=1}^t \delta_{f,t} h_{j-1}^T
$$

$$
\frac{\partial E}{\partial \boldsymbol{W}_{ih}} = \sum_{j=1}^t \delta_{i,t} h_{j-1}^T
$$

$$
\frac{\partial E}{\partial \boldsymbol{W}_{ch}} = \sum_{j=1}^t \delta_{\bar{c},t} h_{j-1}^T
\tag{18-38}
$$

对于偏置项 b_f、b_i、b_c、b_o 的梯度，也是将各个时刻的梯度加在一起。下面是各个时刻的偏置项梯度：

$$\frac{\partial E}{\partial b_{o,t}} = \frac{\partial E}{\partial \, \text{net}_{o,t}} \frac{\partial \text{net}_{o,t}}{\partial b_{o,t}} = \delta_{o,t}$$

$$\frac{\partial E}{\partial b_{f,t}} = \frac{\partial E}{\partial \, \text{net}_{f,t}} \frac{\partial \text{net}_{f,t}}{\partial b_{f,t}} = \delta_{f,t}$$

$$\frac{\partial E}{\partial b_{i,t}} = \frac{\partial E}{\partial \, \text{net}_{i,t}} \frac{\partial \text{net}_{i,t}}{\partial b_{i,t}} = \delta_{i,t}$$

$$\frac{\partial E}{\partial b_{c,t}} = \frac{\partial E}{\partial \, \text{net}_{\tilde{c},t}} \frac{\partial \text{net}_{\tilde{c},t}}{\partial b_{c,t}} = \delta_{\tilde{c},t} \tag{18-39}$$

下面是最终的偏置项梯度,即将各个时刻的偏置项梯度加在一起:

$$\frac{\partial E}{\partial b_o} = \sum_{j=1}^{t} \delta_{o,j}$$

$$\frac{\partial E}{\partial b_i} = \sum_{j=1}^{t} \delta_{i,j}$$

$$\frac{\partial E}{\partial b_f} = \sum_{j=1}^{t} \delta_{f,j}$$

$$\frac{\partial E}{\partial b_c} = \sum_{j=1}^{t} \delta_{\tilde{c},j} \tag{18-40}$$

对于 $\boldsymbol{W}_{ox}$、$\boldsymbol{W}_{fx}$、$\boldsymbol{W}_{ix}$ 和 $\boldsymbol{W}_{cx}$ 的权重梯度,只需要根据相应的误差项直接计算即可:

$$\frac{\partial E}{\partial \boldsymbol{W}_{ox}} = \frac{\partial E}{\partial \, \text{net}_{o,t}} \frac{\partial \text{net}_{o,t}}{\partial \boldsymbol{W}_{ox}} = \delta_{o,t} \, x_t^T$$

$$\frac{\partial E}{\partial \boldsymbol{W}_{fx}} = \frac{\partial E}{\partial \, \text{net}_{f,t}} \frac{\partial \text{net}_{f,t}}{\partial \boldsymbol{W}_{fx}} = \delta_{f,t} \, x_t^T$$

$$\frac{\partial E}{\partial \boldsymbol{W}_{ix}} = \frac{\partial E}{\partial \, \text{net}_{i,t}} \frac{\partial \text{net}_{i,t}}{\partial \boldsymbol{W}_{ix}} = \delta_{i,t} \, x_t^T$$

$$\frac{\partial E}{\partial \boldsymbol{W}_{cx}} = \frac{\partial E}{\partial \, \text{net}_{\tilde{c},t}} \frac{\partial \text{net}_{\tilde{c},t}}{\partial \boldsymbol{W}_{cx}} = \delta_{\tilde{c},t} \, x_t^T \tag{18-41}$$

以上就是 LSTM 的训练算法的全部公式。

18.2.2 LSTM 变体——GRU

LSTM 由于其良好的预测性能被广泛应用于时间序列预测问题,但是其复杂的内部结构也导致模型训练速度降低。针对此问题,Cho 等学者于 2014 年提出了另一种基于门控制的循环神经网络(gated recurrent unit,GRU),其单元结构如图 18-4 所示。GRU 网络中并没有明确的单元状态,它利用一个重置门实现了 LSTM 中遗忘和输入门的作用,利用更新门控制隐藏层状态的更新,GRU 的这种内部结构使得它一方面继承了 LSTM 的优势,另一方面又减少了模型训练所需参数,从而降低模型训练时间。

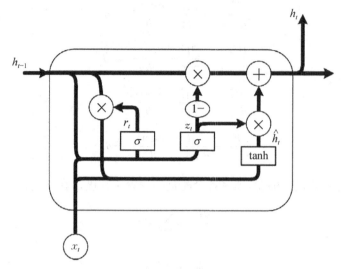

图 18-4　GRU 单位结构

其中，r_t 表示重置门，z_t 表示更新门。重置门决定是否将之前的状态忘记且用当前时刻输入信息重置隐藏状态。当 r_t 趋于 0 的时候，前一个时刻的状态信息 h_{t-1} 会被忘掉，$\hat{h_t}$ 会被重置为当前输入的信息。更新门决定是否要将隐藏状态更新为 h_t（作用相当于 LSTM 中的输出门）。GRU 神经网络的前向传播公式如下：

$$r_t = \sigma(W_r \cdot [h_{t-1}, x_t]) \tag{18-42}$$

$$z_t = \sigma(W_z \cdot [h_{t-1}, x_t]) \tag{18-43}$$

$$\hat{h_t} = \tanh(W_{\hat{h}} \cdot [r_t * h_{t-1}, x_t]) \tag{18-44}$$

$$h_t = (1 - z_t) * h_{t-1} + z_t * \hat{h_t} \tag{18-45}$$

其中，$\sigma(\cdot)$ 是 sigmoid 函数；$\tanh(\cdot)$ 是正切函数；x_t 是 t 时刻的输入；r_t 是 t 时刻重置门向量；z_t 是 t 时刻更新门向量；$\hat{h_t}$ 是 t 时刻经过更新的候选向量；h_t 是 t 时刻隐藏层输出向量。$\boldsymbol{W_r}$、$\boldsymbol{W_z}$、$\boldsymbol{W_{\hat{h}}}$ 分别是重置门向量、更新门向量和更新候选向量的权值；$*$ 是元素乘法。

GRU 神经网络是一种时间递归神经网络，它能够充分反映时间序列数据的长期历史过程。GRU 神经网络在处理后续输入数据时，可以将先前输入所携带的信息保存在网络中。与 LSTM 相比，GRU 具有以下不同之处。

（1）GRU 少一个门，同时少一个细胞状态 C_t。

（2）在 LSTM 中，通过遗忘门控制上一时刻信息是否保留，通过输入门决定是否传入此刻信息；GRU 则通过重置门来控制是否要保留原来隐藏状态的信息，但是不再限制当前信息的传入。

（3）在 LSTM 中，虽然得到新的细胞状态 C_t，但是还不能直接输出，而是需要经过一个过滤的处理。同样，在 GRU 中，虽然也得到新的隐藏状态 h_t，但是还不能直接输出，而是通过更新门来控制最后的输出。

18.2.3 双向 LSTM

有些时候预测可能需要由前面若干输入和后面若干输入共同决定,这样会更加准确,从而提出了双向 LSTM(BI-DIRECTIONAL LSTM),它具有利用过去和未来数据的信息进行学习的能力。

双向 LSTM 网络由两个独立的 LSTM 网络组成,具有两个独立的隐藏层,这两个隐藏层除了方向外,内部结构完全一致。第一层 LSTM 计算当前时间点的正向信息,第二层反向读取相同的序列,计算当前时间点的反向信息。两个隐藏层独立计算当前时间点的状态和输出,并前馈到相同的输出层,双向 LSTM 网络在当前时间点的输出由这两个隐藏层共同决定。在训练时,由于两个网络无互相作用,因此可以作为一个通用的前馈网络,其反向传播过程也与 LSTM 类似,唯一的不同是传播到输出层后,返回给两个隐藏层以不同的方向传播,完成对权重的更新。双向 LSTM 的网络结构如图 18 - 5 所示。

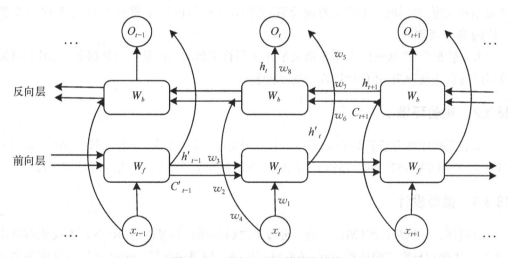

图 18 - 5 双向 LSTM 的网络结构

双向 LSTM 的每一个时刻都有 8 个独特的权重值被重复利用,8 个权重值分别对应:输入到前向和后向隐含层的权重值(w_1,w_4),前向隐含层到前向隐含层(w_2,w_3),后向隐含层到后向隐含层(w_6,w_7),前向和后向隐含层到输出层(w_5,w_8)。需要注意的是,前向隐含层和后向隐含层之间没有信息传递,这样可以避免两个隐含层的相邻两个时刻之间形成死循环。其计算方式为:第一步前向层从 1 时刻到 t 时刻正向计算一遍,得到并保存每个时刻向前隐含层的输出;第二步后向层沿着时刻 t 到时刻 1 反向计算一遍,得到并保存每个时刻向后隐含层的输出。最后一步在每个时刻结合前向层和后向层的相应时刻输出的结果得到最终的输出,数学表达式如下:

$$h'_t = f(w_1 x_t + w_2 C'_{t-1} + w_3 h'_{t-1}) \qquad (18-46)$$

$$h_t = f(w_4\,x_t + w_6\,C_{t+1} + w_7 h_{t+1}) \tag{18-47}$$

$$o_t = g(w_5 h_t' + w_8 h_t) \tag{18-48}$$

其中，h_t'、h_t、o_t 分别为前向层、后向层和输出层的结果。

18.3　应用举例——基于 LSTM 的渔业产量预测

18.3.1　问题描述

东南太平洋智利竹笑鱼是世界上一种较为重要的海洋经济鱼种，也是我国大型拖网渔船远洋捕捞作业的主要鱼种之一。因其渔业资源的分布范围横跨南太平洋，又易受到不同的海洋环境因素影响，导致渔场的中心范围与资源丰度很难把握。因而利用一些先进的渔情预报方法对其渔场中心及资源丰度的准确预报在有助于提高渔业生产效能的同时，也可以为渔业管理组织对资源的科学管理与可持续利用提供一定的参考资源。

本实验根据 2003—2013 年东南太平洋智利竹笑鱼渔场产量作为数据集，使用 LSTM 模型进行训练及预测，并估计该模型的预测精度。

18.3.2　实验环境

本节实验环境为基于 Python 3.7 的 TensorFlow 1.13.1 框架，操作系统为 Windows 10，GPU 为 NVIDIA GTX 1060，通过 CUDA9.0 进行加速运算，CPU 为 Intel i7 -7700K。

18.3.3　模型设计

长短期记忆网络（LSTM），作为一种改进之后的循环神经网络（RNN），不仅能够解决 RNN 无法处理长距离的依赖问题，还能够解决神经网络中常见的梯度爆炸或梯度消失等问题，在处理序列数据方面非常有效。LSTM 网络的基本单元中包含遗忘门、输入门和输出门，该模型单元结构如图 18-3 所示。

本案例采用包含 4 个 LSTM 层和一个全连接层的模型进行训练。如图 18-6 所示。

图 18-6　模型结构

18.3.4　代码实现

1) 将数据以月为单位进行可视化，结果如图 18-7 所示。

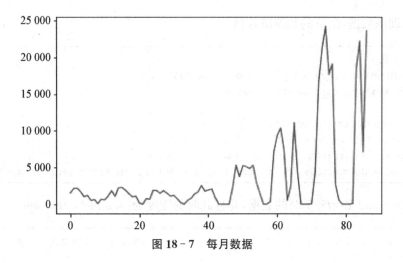

图 18 - 7 每月数据

```
import numpy
import matplotlib.pyplot as plt
from pandas import read_csv
import math
from keras.models import Sequential
from keras.layers import Dense
from keras.layers import LSTM
from sklearn.preprocessing import MinMaxScaler
from sklearn.metrics import mean_squared_error

# load the dataset
dataframe = read_csv('zhujia2.csv', usecols = [1], engine = 'python', skipfooter = 10)
dataset = dataframe.values
# 将整型变为 float
dataset = dataset.astype('float32')
plt.plot(dataset)
plt.show()
```

2）将 $t+1$ 月的捕捞量添加到 t 月的捕捞量后，将一列数据转化为两月

```
def create_dataset(dataset, look_back = 1):
    dataX, dataY = [], []
    for i in range(len(dataset) - look_back - 1):
        a = dataset[i: (i + look_back), 0]
        dataX.append(a)
        dataY.append(dataset[i, 0])
    return numpy.array(dataX), numpy.array(dataY)
numpy.random.seed(7)
```

3）由于数据的单位不同，所以将数据归一化 0 到 1 的范围内，再对数据进行划分，设

定 67％是训练数据，余下的是测试数据

```
# 数据归一化
scaler = MinMaxScaler(feature_range = (0, 1))
dataset = scaler.fit_transform(dataset)

# split into train and test sets
train_size = int(len(dataset) * 0.67)
test_size = len(dataset) - train_size
train, test = dataset[0: train_size,: ], dataset[train_size: len(dataset),: ]
```

4）$X=t$ and $Y=t+1$ 时的数据，并且此时的维度为[samples，features]

```
# use this function to prepare the train and test datasets for modeling
look_back = 1
trainX, trainY = create_dataset(train, look_back)
testX, testY = create_dataset(test, look_back)
```

5）投入到 LSTM 的 X 需要有这样的结构：[samples，time steps，features]，所以做一下变换

```
# # 分开训练集和预测集
trainX = numpy.reshape(trainX, (trainX.shape[0], 1, trainX.shape[1]))
testX = numpy.reshape(testX, (testX.shape[0], 1, testX.shape[1]))
```

6）建立 LSTM 模型，设置输入层为 1 个 input 节点，将隐藏层设为 4 个神经元，输出层为预测值，激活函数为 sigmoid 函数，训练迭代 100 次，batch_size 为 1

```
# 建立 lstm 模型
model = Sequential()
model.add(LSTM(4, input_shape = (1, look_back)))
model.add(Dense(1))
model.compile(loss = 'mean_squared_error', optimizer = 'adam')
model.fit(trainX, trainY, epochs = 100, batch_size = 1, verbose = 2)
```

7）进行预测

```
trainPredict = model.predict(trainX)
testPredict = model.predict(testX)
```

8）计算误差之前要先把预测数据还原为原数据

```
# invert predictions
trainPredict = scaler.inverse_transform(trainPredict)
trainY = scaler.inverse_transform([trainY])
testPredict = scaler.inverse_transform(testPredict)
testY = scaler.inverse_transform([testY])
```

9）计算均方根误差

```
trainScore = math.sqrt(mean_squared_error(trainY[0], trainPredict[: ,0]))
print('Train Score: % .2f RMSE' % (trainScore))
testScore = math.sqrt(mean_squared_error(testY[0], testPredict[: ,0]))
print('Test Score: % .2f RMSE' % (testScore))
```

误差结果：

Train Score: 40.79 RMSE
Test Score: 313.77 RMSE

10）生成结果图

```
#  将数据形成图像
trainPredictPlot = numpy.empty_like(dataset)
trainPredictPlot[: , : ] = numpy.nan
trainPredictPlot[look_back: len(trainPredict) + look_back, : ] = trainPredict

testPredictPlot = numpy.empty_like(dataset)
testPredictPlot[: , : ] = numpy.nan
testPredictPlot[len(trainPredict) + (look_back* 2) + 1: len(dataset) - 1, : ] =
testPredict

plt.plot(scaler.inverse_transform(dataset))
plt.plot(trainPredictPlot)
plt.plot(testPredictPlot)
plt.show()
```

18.3.5　结果分析

图 18-8 为原数据集数据与模型预测数据对比图，黑线为原始数据，点状线为训练集的预测值，灰线为测试集预测值。经过 100 次迭代训练，训练集正确率和测试集正确率达到 85％ 和 74％，能够对捕捞量进行较为准确的预测。

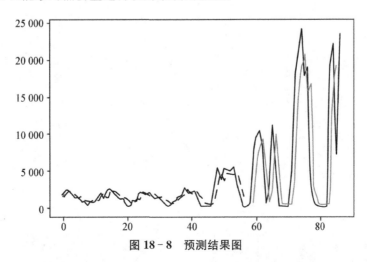

图 18-8　预测结果图

18.4 本章小结

本章主要介绍了循环神经网络基本概念、发展历程以及典型模型,包括 RNN、双向 RNN、LSTM、双向 LSTM、GRU 等。此外,还重点介绍了 LSTM 网络的训练推导过程,并以案例详细介绍如何利用 LSTM 解决实际问题。

第19章 卷积神经网络

19.1 概述

卷积神经网络(convolutional neural network，CNN)是一种常见的深度学习架构，受生物自然视觉认知机制启发而来。1959 年，Hubel & Wiesel 发现，动物视觉皮层细胞负责检测光学信号。受此启发，1980 年 Kunihiko Fukushima 提出了 CNN 的前身——neocognitron。20 世纪 90 年代，LeCun 等人发表论文，确立了 CNN 的现代结构，后来又对其进行完善。他们设计了一种多层的人工神经网络，取名叫做 LeNet‑5，可以对手写数字做分类。和其他神经网络一样，LeNet‑5 也能使用 backpropagation 算法训练。

CNN 能够得出原始图像的有效表征，这使得 CNN 能够直接从原始像素中，经过极少的预处理，识别视觉上面的规律。然而，由于当时缺乏大规模训练数据，计算机的计算能力也跟不上，LeNet‑5 对于复杂问题的处理结果并不理想。2006 年起，人们设计了很多方法，想要克服难以训练深度 CNN 的困难。其中，最著名的是 Krizhevsky 提出了一个经典的 CNN 结构，并在图像识别任务上取得了重大突破。其方法的整体框架叫做 AlexNet，与 LeNet‑5 类似，但要更加深一些。

AlexNet 取得成功后，研究人员又提出了其他的完善方法，其中最著名的要数 ZFNet、VGGNet、GoogleNet 和 ResNet 这四种。从结构看，CNN 发展的一个方向就是层数变得更多，例如，ILSVRC2015 冠军 ResNet 的层数是 AlexNet 的 20 多倍，是 VGGNet 的 8 倍多。通过增加深度，网络便能够利用增加的非线性得出目标函数的近似结构，同时得出更好的特性表征。但是，同时也增加了网络的整体复杂程度，使网络变得难以优化，很容易过拟合。

卷积神经网络由输入和输出层以及多个隐藏层组成，隐藏层包含卷积层、池化层和全连接层 3 类常见层次结构。简单来说，卷积层是用来对输入层进行卷积，提取更高层次的特征。在卷积层进行特征提取后，输出的特征图会被传递至池化层进行特征选择和信息过滤。池化层包含预设定的池化函数，其功能是将特征图中单个点的结果替换为其相邻区域的特征图统计量。最后对经过多次卷积层和多次池化层所得出来的高级特征进行全连接，算出最后的预测值。

19.2 网络结构

19.2.1 卷积层

卷积层由多个特征映射组成，每个特征映射由多个神经元构成，每个神经元通过卷积核与上一层特征映射的局部区域相连。如图19-1所示，全连接神经网络和卷积神经网络的连接方式的区别较为明显。假设有1 000×1 000像素的图像，有1百万个隐层神经元，那么他们全连接的话（每个隐层神经元都连接图像的每一个像素点），就有1 000×1 000×1 000 000＝10^{12}个连接，也就是10^{12}个权值参数。卷积层的提出就是使用一个10×10大小的卷积核在图像上滑动，用卷积核来代替隐层神经元，这样连接的参数就下降到了100个，使参数量减少了10^{10}倍。

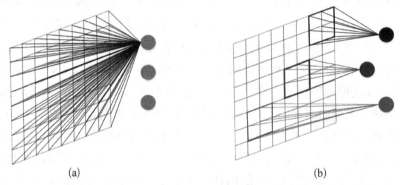

(a)　　　　　　　　　　　　(b)

图19-1　全连接神经网络与卷积神经网络连接方式的区别
（a）全连接神经网络；（b）卷积神经网络

在图像分类中，卷积核是一个权值矩阵，卷积层通过卷积操作提取输入的不同特征。卷积层是卷积神经网络中的核心组成部分，具有以下三个特性：

1. 局部感知

在传统人工神经网络中，每个神经元都要与上层输入的每个像素相连，导致网络权重数量巨大，网络复杂度极高，难以训练。卷积神经网络中，每个神经元的权重数量都与卷积核的大小一致，只与对应映射部分的像素相连接。这样就极大地减少了权重的数量。卷积神经网络一般会采取1×1、3×3或5×5大小的卷积核在图片上滑动，每次只实现局部感知。

2. 参数共享

针对每一层的特征映射，使用卷积核进行卷积操作，由于卷积核权重是不变的，使得在一个特征映射中，不同位置的相同目标其特征是基本相同的。也就是说在卷积神经网络中，卷积层的每一个卷积滤波器重复地作用于整个感受野，对输入图像进行卷积，卷积结果构成了输入图像的特征图，提取出图像的局部特征。每一个卷积滤波器共享相同的参数，包括相同的权重矩阵和偏置项。共享权重的好处是在对图像进行特征提取时不用考虑局部特征的位置。而且权重共享提供了一种有效的方式,使要学习的卷积神经网络模型参数数量大大降低。

3. 多核卷积

由于一个卷积核操作只能得到一部分特征,可能获取不到全部特征,因此,用多个卷积核来学习不同的特征(每个卷积核学习到不同的权重)以提取映射特征。卷积运算实际是分析数学中的一种运算方式,在卷积神经网络中通常仅涉及离散卷积的情形。下面以单通道图像的情形为例介绍二维场景的卷积操作。

假设输入图像(输入数据)为图 19-2 中右侧的 5×5 矩阵,其对应的卷积核(亦称卷积参数,convolution kernel 或 convolution filter)为一个 3×3 的矩阵。同时,假定卷积操作时每做一次卷积,卷积核移动一个像素位置,即卷积步长(stride)为 1。一般操作时都要使用 padding 技术(外围补一圈 0,以保证生成的尺寸不变)。

卷积核　　　　　　　　　　　　　　输入数据

图 19-2　卷积核与输入数据

第一次卷积操作从图像(0,0)像素开始,由卷积核中参数与对应位置图像像素逐位相乘后累加作为一次卷积操作结果,即 $1 \times 1 + 2 \times 0 + 1 \times 1 + 6 \times 0 + 1 \times 1 + 8 \times 0 + 6 \times 1 + 8 \times 0 + 1 \times 1 = 1 + 1 + 1 + 6 + 1 = 10$,如图 19-3 所示。类似地,在步长为 1 时,如图 19-3 所示,卷积核按照步长大小在输入图像上从左至右自上而下依次将卷积操作进行下去,最终输出 3×3 大小的卷积特征,同时该结果将作为下一层操作的输入。

与之类似,若三维情形下的卷积层的输入数据有 3 个通道,该层卷积核也为 3 个通道。三维输入时卷积操作实际只是将二维卷积扩展到了对应位置的所有通道上,最终将一次卷积处理所有通道的计算,输出结果为各个通道值的和并为其加上一个偏置值 b,多通道卷积的计算公式如式(19-1)所示,当前网络层的数据通过上层数据和本层的卷积核进行运算求出。

$$X_j^L = f\Big(\sum_{i \in M_j} X_j^{L-1} * K_{ij}^L + b_j^L \Big) \tag{19-1}$$

其中,L 表示网络层数,K 为卷积核(过滤器),M_j 为输入特征图的组合,每一层输出特征图都会有唯一的偏置项 b。

由于权值共享原理,在某一层可以同时有多种过滤器一起工作,但参数量只和过滤器种类相关,因此在提高特征提取效率的同时精简了模型复杂度。每种过滤器负责提取输入图像上的某一种特征,且一次都会同时观察像素点的附近区域,传递给下一卷积层(见图19-3)。

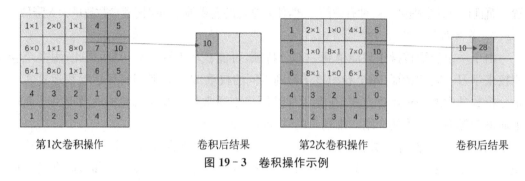

第1次卷积操作　　　卷积后结果　　　第2次卷积操作　　　卷积后结果

图19-3　卷积操作示例

19.2.2　池化操作

本节讨论某一层操作为池化(pooling)时的情况。通常使用的池化操作为平均值池化(average-pooling)和最大值池化(max-pooling),需要指出的是,池化层与卷积层操作不同,池化层不包含需要学习的参数。使用时仅需指定池化类型(average 或 max 等)、池化操作的核大小(kernel size)和池化操作的步长(stride)等超参数即可。

平均池化就是在图片上对应出滤波器大小的区域,对里面的所有的像素点取它们的均值,得到的特征数据会对背景信息更敏感。

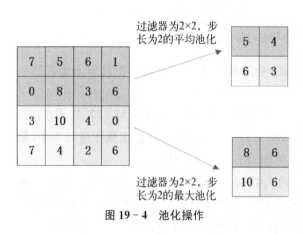

图19-4　池化操作

最大池化就是在图片上对应滤波器大小的区域,将里面的所有像素点取最大值,得到的特征数据会对纹理特征的信息更敏感(见图19-4)。

由图19-4发现,一方面,池化操作后的结果相比其输入减小了。池化操作实际上就是一种“降采样”(down-sampling)操作。另一方面,池化也看成是一个用 p -范数(p-norm)作为非线性映射的“卷积”操作,特别地,当 p 趋近正无穷时就是最常见的最大值池化。

池化层的引入是仿照人的视觉系统对视觉输入对象进行降维(降采样)和抽象。在卷积神经网络过去的工作中,研究者普遍认为池化层有如下三种功能:

1. 特征不变性

池化操作使模型更关注是否存在某些特征而不是特征具体的位置。可看作是一种很强的先验,使特征学习包含某种程度自由度,能容忍一些特征微小的位移。

2. 特征降维

由于池化操作的降采样作用,池化结果中的一个元素对应于原输入数据的一个子区域,因此池化相当于在空间范围内做了维度约减,从而使模型可以抽取更广范围的特征。

同时减小了下一层输入大小,进而减小计算量和参数个数。

3. 在一定程度防止过拟合,更方便优化

池化操作并不是卷积神经网络必需的元件或操作。近期,德国著名高校弗赖堡大学的研究者提出用一种特殊的卷积操作,即跨距卷积层(strided concolutional layer)来代替池化层实现降采样,进而构建一个只含卷积操作的网络,其实验结果显示这种改造的网络可以达到、甚至超过传统卷积神经网络(卷积层池化层交替)的分类精度。

19.2.3 激活函数

激活函数的作用是选择性地对神经元节点进行特征激活或抑制,能对有用的目标特征进行增强激活,对无用的背景特征进行抑制减弱,从而使得卷积神经网络可以解决非线性问题。网络模型中若不加入非线性激活函数,网络模型相当于变成了线性表达,从而网络的表达能力也不好。如果使用非线性激活函数,网络模型就具有特征空间的非线性映射能力。另外,激活函数还能构建稀疏矩阵,使网络的输出具有稀疏性,稀疏性可以去除数据的冗余,最大可能地保留数据特征,所以每层带有激活函数的输出都是用大多数值为0的稀疏矩阵来表示。激活函数必须具备一些基本的特性。

1. 单调性

单调的激活函数保证了单层网络模型具有凸函数性能。

2. 可微性

使用误差梯度来对模型权重进行微调更新。激活函数可以保证每个神经元节点的输出值在一个固定范围之内,限定了输出值的范围可以使得误差梯度更加稳定地更新网络权重,使得网络模型的性能更加优良。当激活函数的输出值不受限定时,模型的训练会更加高效,但是在这种情况下需要更小的学习率。

卷积神经网络经常使用的激活函数有多种: sigmoid 函数、tanh 函数、ReLU 函数、Leaky ReLU 函数、PReLU 函数等。每种激活函数使用的方法大致相同,但是不同的激活函数带来的效果却有差异,目前卷积神经网络中用得最多的还是 ReLU 函数,sigmoid 函数在传统的 BP 神经网络中用得比较多。sigmoid 函数拥有求导容易、输出结果稳定等优势,曾被广泛地应用于神经网络中。然而,由于 sigmoid 函数的软饱和性等问题,容易产生梯度弥散,导致难以训练。2012 年 Geoffrey Hinton, Alex Krizhevsky 将 ReLU 函数引入 Alex Net 中,得到了良好的效果。近年来 ReLU 成为了最受欢迎的激活函数,由于具有线性和非饱和的特性,相比 sigmoid 函数具有更快的收敛速度,有效缓解了梯度弥散的问题,但其缺点也同样明显,即随着训练的进行,可能会出现神经元坏死,权重无法更新的情况。

ReLU(Rectified Linear Units)函数的数学模型为

$$f(x) = \max(0, x) \begin{cases} 0, & x \leqslant 0 \\ x, & x > 0 \end{cases} \tag{19-2}$$

sigmoid 函数的数学模型为

$$f(x) = \frac{1}{1 + e^{-x}} \tag{19-3}$$

两种函数的图像如图 19-5 所示

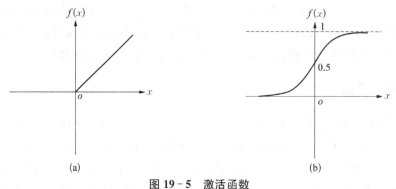

图 19-5 激活函数

(a) ReLU 函数；(b) sigmoid 函数

19.2.4 全连接神经网络

在卷积神经网络的输出层之前，通常需要连接 1 个或多个全连接层，全连接层中的神经元与上一层中的所有神经元均有连接。全连接层可以整合卷积层或者池化层中具有类别区分性的局部信息。所有全连接层中的最后一层与输出层相连，其结果将直接传输给输出层，然后采用 softmax 逻辑回归进行分类。

全连接层在整个卷积神经网络中起到"分类器"的作用，其结构与前馈神经网络相同。如果说卷积层、汇合层和激活函数层等操作是将原始数据映射到隐层特征空间的话，全连接层则起到将学到的特征表示映射到样本的标记空间的作用。在实际使用中，全连接层可由卷积操作实现：对前层是全连接的全连接层可以转化为卷积核为 1×1 的卷积；而前层是卷积层的全连接层可以转化为卷积核为 $h \times w$ 的全局卷积，h 和 w 分别为前层卷积输出结果的高和宽。以经典的网络模型 VGG-16 为例，对于 $224 \times 224 \times 3$ 的图像输入，最后一层卷积层可得输出为 $7 \times 7 \times 512$ 的特征张量，若后层是一层含 4 096 个神经元的全连接层时，则可用卷积核为 $7 \times 7 \times 512 \times 4\,096$ 的全局卷积来实现这一全连接运算过程，经过此卷积操作后可得 $1 \times 1 \times 4\,096$ 的输出。一般来说会再次叠加一个含 2 048 个神经元的全连接层，与前面卷积层的输出进行全连接，再将输出结果送入分类器中。

19.3 训练方法

19.3.1 前向传播

首先需要了解 CNN 模型的结构，如图 19-6 是一个图形识别的 CNN 模型。

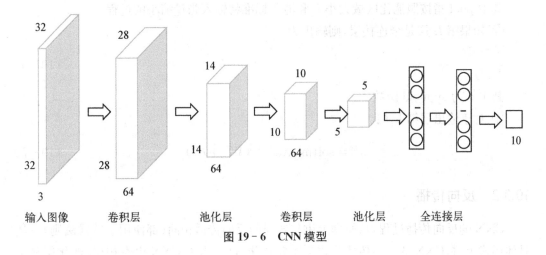

图 19 - 6 CNN 模型

最左边为输入层,计算机理解为输入一个三维矩阵。接着使用卷积层(Convolution Layer)进行卷积操作,卷积层输出值使用的激活函数是 ReLU 函数。在卷积层后面是池化层(Pooling layer),也就是降采样的过程。需要注意的是,池化层没有激活函数。

卷积层加池化层的组合可以在隐藏层出现很多次,图 19 - 6 中出现两次。而实际上这个次数是根据模型需要来设计的。当然也可以灵活使用卷积层加卷积层,或者卷积层加卷积层加池化层的组合,这些在构建模型的时候没有限制。但是最常见的 CNN 都是若干卷积层加池化层的组合,如图 19 - 6 中的 CNN 结构。在若干卷积层与池化层后面是全连接层(Fully Connected Layer,简称 FC),全连接层其实就是前馈神经网络结构,只是输出层使用了 Softmax 激活函数来做图像的分类。

对于一个图片样本,设 CNN 模型的层数为 L。对于卷积层,设卷积核的大小 K,卷积核子矩阵的维度 F,填充大小 P,步幅 S。对于池化层,要设池化区域大小 k,并定义池化标准(max 或 average)。对于全连接层,定义全连接层的激活函数(输出层除外)和各层的神经元个数。a^L 表示第 L 层的输出结果。前向传播算法的流程如下:

(1) 根据输入层的填充大小 P,填充原始图片的边缘,得到输入张量 a^L。

(2) 初始化所有隐藏层的参数 W,b。

(3) for $L=2$ to $L-1$。

① 如果第 L 层是卷积层,则输出为

$$a^L = \text{ReLU}(a^{L-1} * W^L + b^L) \tag{19-4}$$

其中 ReLU 表示 ReLU 函数。

② 如果第 L 层是池化层,则输出为

$$a^L = \text{pool}(a^{L-1}) \tag{19-5}$$

其中 pool 指按照池化区域大小 k 和池化标准将输入张量缩小的过程。

③ 如果第 L 层是全连接层,则输出为

$$a^L = \sigma(a^{L-1} * W^L + b^L) \tag{19-6}$$

其中 σ 为 sigmoid 函数。

④ 对于输出层第 L 层

$$a^L = \text{softmax}(a^{L-1} * W^L + b^L) \tag{19-7}$$

19.3.2 反向传播

CNN 的反向传播过程,从原理上讲与普通的反向传播相同(都使用了链式法则)。从具体形式上讲,CNN 的反向传播公式又比较特殊,这是因为 CNN 由卷积层、池化层和全连接层三部分组成。全连接层采取的就是前文 BP 神经网络的反向传播方式,这里不再解释。

1. 卷积层的反向传播

相对于式(19-1)的前向传播过程,计算卷积层的反向传播的公式为

$$\delta_{j(xy)}^{L-1} = f'(u_{j(xy)}^{L-1}) \sum_{i \in A_j} B(\delta_i^L) * \text{rot180}(k_{ij}^L) \tag{19-8}$$

其中 $\delta_{j(xy)}^{L-1}$ 为第 $L-1$ 层,第 j 个通道,第 x 行,第 y 列的输入梯度。$u_{j(xy)}^{L-1}$ 为第 $L-1$ 层,第 j 个通道,第 x 行,第 y 列的输入。A_j 为卷积范围包括第 $L-1$ 层第 j 个通道的卷积核的集合,集合大小不定。δ_i^L 为第 L 层第 i 个通道的输入的梯度。$B(\delta_i^L)$ 为 δ_i^L 的局部块,这个局部块里的每个位置的输入都是卷积得到的,卷积过程都与 $u_{j(xy)}^{L-1}$ 有关。rot180 表示将矩阵旋转 $180°$,即既进行列翻转又进行行翻转。

$$\frac{\partial \text{Loss}}{\partial k_{ij(xy)}^L} = \delta_{j(xy)}^L * P(a_i^{L-1}) \tag{19-9}$$

其中,Loss 为损失函数。$k_{ij(xy)}^L$ 为第 $L-1$ 层到第 L 层的第 j 个卷积核中与第 $L-1$ 层第 i 个通道相连接的卷积层上的第 x 行,第 y 列的值。$\delta_{j(xy)}^L$ 为第 L 层的第 j 个通道,第 x 行,第 y 列的输入的梯度。a_i^{L-1} 为第 $L-1$ 层,第 i 通道的输出特征图。$P(a_i^{L-1})$ 为 a_i^{L-1} 的局部块,这个局部块中的每个元素都会在卷积过程中直接与 $k_{ij(xy)}^L$ 相乘。

$$\frac{\partial \text{Loss}}{\partial b_j^L} = \sum_{x,y} (\delta_j^L)_{xy} \tag{19-10}$$

b_j^L 为第 $L-1$ 层到第 L 层的第 j 个卷积核的偏置。δ_j^L 为第 L 层第 j 个通道的输入的梯度。

2. 池化层的反向传播

如前所述,池化层实际上并不自行学习,只是通过引入稀疏性来减小向量尺度的大小,所以在反向传播时只是将原尺度还原。如在前向传播中,设 $k\times k$ 大小的矩阵通过最大池化被减少到单个值,反向传播时从这单个值的区域还原为 $k\times k$ 大小,将这个单值还原到前向传播时获取此值的位置,区域内其他位置的值为零。与之类似,平均池化的反向传播则是将此单值平均分为 k^2 份后还原到 $k\times k$ 大小。

19.4 常见网络模型

19.4.1 VGG16

VGG16 是由牛津大学计算机视觉组开发的卷积神经网络结构,至今仍被认为是一个杰出的图像识别模型,虽然它的性能已经被后来的 Inception 和 ResNet 架构超越,但作为经典模型,其简洁的结构和易于实现的特点依然具有研究价值。VGG16 模型把特征提取层分成了 5 个模块,在整个卷积过程中都使用 3×3 尺寸的卷积核,接受 $224\times 224\times 3$ 的图片作为输入,五组卷积模块分别具有 64、128、256、512、512 个卷积核共 13 个卷积层逐步提取特征,卷积模块之间采用最大值采样方式,再通过 2 个 4096 神经元的全连接层的运算,最后由一个 1000 神经元的 Softmax 分类器得到结果。VGG16 实际上是由 CNN+DNN 两部分共同组成,其中 CNN 部分的功能在于从原始图像中提取对于图像识别有价值的特征,再交由 DNN 部分来完成最后的分类任务。

VGG 结构作为经典的卷积神经网络模型,是后来诸多改良深度 CNN 结构的基石,其中包含的诸多技术如 ReLU 激活函数、卷积后接最大值采样的连接方式、在全连接层的 drop out 随机断开被广泛应用于后续各大模型中。通过大量阅读文献可以观察到,众多新提出的应用于各类场景下的图像处理类模型,通常都会采用 VGG16 作为开发基础,以研究在理论上的可行性,并进行实验对比,因此这一模型具有极高的学术价值与地位。

19.4.2 InceptionV3

InceptionV3 由 Google 开发,前身为 GoogleNet。在经典卷积神经网络的卷积结构中,通常只选用某一种尺寸的卷积核,GoogleNet 提出一种 Inception 架构,如图 19-7 所示,在一个卷积层中同时使用多种尺寸的卷积核,从而产生了 InceptionV1 模型。

InceptionV1 结构中前一层的输出不经过任何处理直接输入到下一卷积层中,且包含有如 5×5 的大尺寸卷积核,造成如计算量大的缺点。在这一基础上,InceptionV2 进行了改进,在卷积层得到输出后引入批量归一化层(Batch Normolization,BN),将每一层的输出都规范化至同一尺度(通常为 $-1\sim +1$),减少模型内部神经元的数据分布变化。另外,

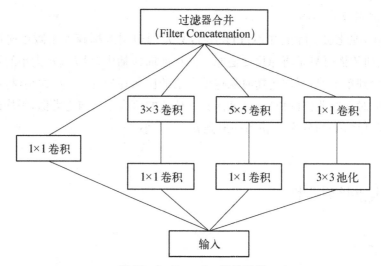

图 19 - 7   Inception 结构示意

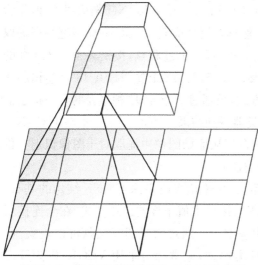

图 19 - 8   将 5×5 卷积分解为 2 个 3×3 卷积

InceptionV2 将原本的大尺寸卷积核如 5×5 卷积核拆分为 2 个 3×3 卷积核，如图 19 - 8 所示。这一结构在减少了卷积操作产生的参数量时也能在局部加深网络，引入更多的变换方式进一步提高了模型的表达能力并加速运算。

而 InceptionV3 模型在设计过程中针对 InceptionV2 做出如下几点改进。

（1）避免表示瓶颈，特征图尺寸应缓慢下降，尤其是网络的前端部分，信息流在前向传播过程中不能受到高度压缩，不然会造成蕴含信息量的急剧下降，对后面的信息提取产生极大影响。

（2）用网络结构替代高维表示。

（3）在低维嵌入上进行空间汇聚而不会丢失过多信息。如在进行 3×3 卷积操作之前先使用 1×1 卷积核降维（通道维度）而不会产生严重后果，既压缩了数据又能提高运算速度。

（4）平衡了网络的宽度与深度。

InceptionV3 中的非对称卷积分解结构如图 19 - 9 所示，这一新的结构在网络前几层效果不太好，但在中间层应用时效果明显。

其中最大的改进在于分解卷积核，如将 7×7 的卷积核分解为三个低维的卷积核（3×3），而 3×3 卷积核继续分解（1×3，3×1），这样进一步加速了计算并加深了网络深度，增加了非线性表达能力。此外，传统的卷积神经网络结构通常是在卷积层之后接最大值采样或平均采样操作。然而这一操作必然会造成一定程度信息量丢失，因此 InceptionV3

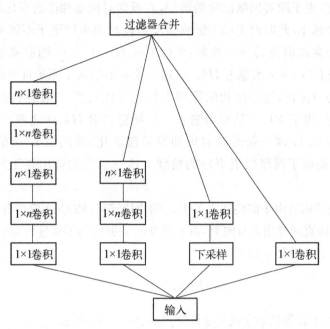

图 19 - 9　InceptionV3 卷积结构示意

结构中提出对特征图同时进行采样与卷积操作,然后串联起来得到输出,这样的方式可以有效地避免信息损失。

另外 InceptionV3 将模型接受的原始输入尺寸从 224×224 改为 299×299,并更加精细地设计了 $35 \times 35, 17 \times 17, 8 \times 8$ 卷积模块。

19.4.3　ResNet50

ResNet(Residual Networks)又称残差网络,由微软亚洲研究院于 2015 年开发,取得了当年 ImageNet 比赛的分类任务第一名。研究者发现普通的"平原网络"随着层数的增加,反而出现了训练集准确率下降的现象,即在真正尝试深层网络时(50 层以上),曾经的一大障碍梯度消失/梯度爆炸问题又出现了。随着中间层的增加,训练集精确度开始趋近于饱和接近 100%,然而随着继续增加深度,精确度开始迅速下降,这样的情况发生在训练集准确率上说明不是由于过拟合引起,而是网络开始"退化"。

ResNet 模型提出一种新的残差结构,如图 19 - 10 所示。传统拟合目标是使网络输出 $F(x)$ 尽量逼近期望映射 $H(x)$,

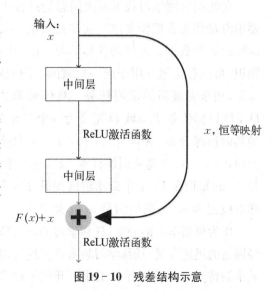

图 19 - 10　残差结构示意

而在直接拟合时，由于随着网络深度的增加，在极深时网络梯度的变化幅度在经过多层传递后变得越来越小，此时对 $F(x)$ 影响会变得极其微小以至于不能对权值更新做出贡献。因此转为尝试拟合另一个映射：$F(x) = H(x) - x$，则原来的期望映射变为 $F(x) + x$，即用 $F(x) + x$ 来逼近 $H(x)$，这一映射中引入了原始自变量 x，$F(x)$ 作为残差项会更容易被优化，这一结构的原理类似差分放大器。当网络深度极大，而在尝试拟合 $F(x)$ 时，由于 $F(x)$ 是原始输入 x 与期望映射 $H(x)$ 之差，x 的微小变动会更容易影响到 $F(x)$，这一新的映射更加容易被优化，使网络 Loss 值对输入样本的变化更加敏感，提高了网络权值更新的精度。这一结构的提出真正实现了极深层网络的搭建。

在引入残差结构后由于需要建立关于 x 的快捷连接，ResNet 模型有两种连接方式。

（1）快捷连接直接使用自身映射，对于维度的增加使用零来进行填补，这一策略不会引入额外的参数，如式（19-11）所示。

$$y = F(x, \{W_i\}) + x \tag{19-11}$$

（2）使用 1×1 卷积核来完成尺寸匹配，如式（19-20）所示。

$$y = F(x, \{W_i\}) + W_s x \tag{19-12}$$

19.5　迁移学习

19.5.1　迁移学习概述

在使用深度学习技术解决问题的过程中，模型往往有大量的参数需要训练，因此需要用海量训练数据做支撑。而在面对某一领域的具体问题时，通常可能无法得到构建模型的海量数据。但借助迁移学习，在一个模型训练任务中针对某种类型数据获得的知识，可以轻松地应用于同一领域的不同问题，即迁移学习可从现有数据中抽取并迁移知识，用来完成新的学习任务。具体可形式化定义为：源域 D_s，源任务 T_s，目标域 D_t，域目标任务 T_t，域 D 定义为一个二元对 $\{x, P(X)\}$，其中 x 为特征空间，$P(X)$ 是其的边缘分布，$X = \{x_1, \cdots, x_n\}$。任务 T 也是一个二元对 $\{y, f(x)\}$，y 是标签空间，$y = f(x)$ 是从训练样本 $\{x_i, y_i\}$ 学习到的目标函数。迁移学习目的是利用 D_s 与 T_s 的知识在 D_t 上帮助求解或提升 T_t，其中源域的训练样本数记为 n_s，目标域中的样本数记为 n_t，一般应满足 n_s 远大于 n_t。

作为机器学习的分支，迁移学习初衷是节省人工标注样本的时间，近年来由于深度神经网络的迅速发展，迁移学习越来越多地与神经网络相结合，其高资源利用率与较低训练成本的特点吸引学术界和工业界开展了许多相关研究，如 DeepMind 开发的 PNN 模型

(Progress Neural Network)，通过横向连接(lateral connection)结构，在学习源域知识的基础上，在迁移到其他领域的同时仍然保留模型在源域上已学习的能力，实现源域与目标域之间的信息融合。基于这一技术，PNN 使用 Mujoco 库模拟 Jaco 机械臂行动并学习行为特征，再迁移至真实机械臂上成功完成相应动作；Long 等提出多层适配和多核 MMD (Multi-kernel MMD，MK-MMD)的方法，将源域与目标域投射在一个再生核希尔伯特空间(Reproducing Kernel Hilbert Space，RKHS)中求映射后的数据均值差异，再对深度神经网络的高层部分多层适配以进行迁移。

迁移学习根据具体实现方法可分为：样本迁移、特征迁移和参数迁移。当源域和目标域的数据非常相近时，样本迁移可以有效解决目标域样本不足的问题，如 Dai 等通过推广传统 AdaBoost 算法提出的 Tradaboosting 算法，可过滤源域与目标域中相似度低的样本，剩下的数据样本可以直接放入目标域学习新任务；特征迁移通过重构特征找到源域和目标域共享的潜在特征空间从而最小化领域间的差异，如基于流型结构的空间特征网格算法(Spectral Feature Alignment，SFA)；参数迁移即当源域样本与目标域样本分布相似时，学习任务之间可共享部分模型分布或先验参数，如 Tommasi 等使用迁移项代替最小二乘支持向量机(Least Squares Support Vector Machine，LS-SVM)模型中的正则项来得到新的分类模型。

针对图像识别任务，即使不同图像内容差异巨大，但在卷积神经网络的低层表示中都由边缘、纹理、颜色等细节构成，对于这类任务，模型的特征抽象能力是可以共用的。可将源模型所具有的特征抽取能力作为先验知识迁移至目标域，使新模型快速获得低层过滤能力，再通过高层的自适应训练调整，进一步完善对图像具体语义的概括能力，从而完成新的识别任务。

19.5.2　微调 VGG16

简单的参数迁移方式只替换并训练分类层，而保留源模型的全部特征提取能力，当目标域样本不被包含在源域中时，这通常会导致识别准确率下降。

基于图像底层细节通用的特点，在进行参数迁移时保留卷积模块的低层结构与参数，并设置靠近分类层的高层卷积部分为可训练状态，包括矩阵权重、偏置项与其他正则项系数。将模型放入目标域中进行再训练，由于可训练参数继承自源模型，因此在进行微调时并不是从随机初始值开始进行梯度下降，通常经过小幅度的调整后就可以达到新的最优值，使模型可针对目标样本自适应地调整高层卷积参数从而提高全局概括能力。

以微调 VGG16 为例，将源模型的 1000 个神经元的 Softmax 分类器替换成适应下文应用案例背景的 4 元分类器，由于图像识别的特殊性，通常要将靠近全连接层的高层卷积部分全部设置为参数可更新状态，而不能只截取其中一段进行微调，因此将卷积模块 5 的参数设置为可更新，而卷积模块 1~4 的参数保持固定，继承源模型的底层特征提取能力，如图19-11所示。可通过设置不同参数冻结量，以训练时间、验证集准确率为主要指标来评价各模型的性能与优劣。

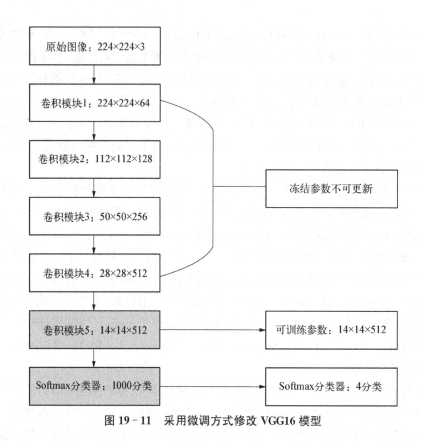

图 19‑11 采用微调方式修改 VGG16 模型

19.6 应用举例——基于 CNN 的水产图像识别方法

19.6.1 问题描述

传统的水产图像识别主要依靠直接观察识别,重量或体尺测量主要采用手工接触方式进行。这类方法容易被外界因素所干扰,且通常具有较强的主观性,受检测人员的经验、专业技能水平等条件影响,导致检测过程耗时费力,而且结果不平衡、标准不一致、错误率高。同时水产动物往往是对外界因子十分敏感的动物,接触式测量容易在水产动物种群中导致疾病传播与水环境污染,直接对个体进行物理接触也可能造成严重损伤。

针对渔业生产活动中的水产图像自动识别需求,本案例采用微调的方式再训练预训练模型 VGG16。与建立全新模型相比,这种方式能够在相对较低成本下得到具有良好性能的水产动物图像分类模型。

19.6.2 案例环境

本节实验环境为基于 Python 3.6 的 TensorFlow 1.3 框架与 Keras 2.0.8 框架,GPU

为 NVIDIA GTX 1080Ti，通过 CUDA8.0 进行加速运算，CPU 为 AMD Ryzen Threadripper 1950X。

19.6.3 模型设计

如图 19-12 所示，VGG16 模型把特征提取层分成了 5 个模块，在整个卷积过程中都使用 3×3 尺寸的过滤器，接受 224×224×3 的图片作为输入，五组卷积模块分别具有 64、128、256、512、512 个卷积核共 13 个卷积层逐步提取特征，卷积模块之间采用最大值采样方式，再通过 2 个 4096 神经元的全连接层的运算，最后由一个 1000 神经元的 Softmax 分类器得到结果。可以看出实际上是由 CNN+DNN 两部分共同组成，其中 CNN 部分的功能在于从原始图像中提取对于图像识别有价值的特征，再交由 DNN 部分来完成最后的分类任务。

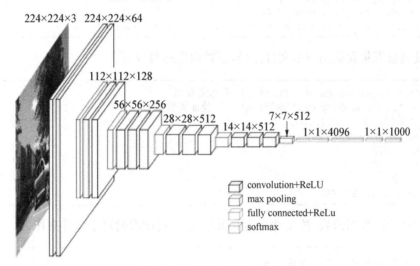

图 19-12　VGG16 模型结构示意

本案例以养殖基地数据及网络收集的鱼、虾、蟹、贝 4 类图片，各 300 张共计 1 200 张图片为训练集，另额外各选 100 张作为验证集。在选取训练样本的过程中采用了部分含有非目标物体(如容器、人手、背景物体等)的图片来模拟随机噪声以提升模型的泛化能力。需先将原始图片进行归一化处理，根据 VGG16 的要求将图片裁剪为 224×224 像素。

在深度神经网络模型的训练过程中，过拟合是常见的问题，尤其在样本集较小的情况下是很容易遇到的难点。本案例为缓解过拟合现象，在训练中对样本集进行数据提升，采用旋转、平移、翻转、光照变化等操作处理，使每张原始图片生成 32 张变形图，扩大样本空间。

观察只进行简单参数迁移后的模型性能，分别将 3 种源模型的全连接层替换为 4 分类 Softmax 分类器，卷积层保持权值不变，即保留预训练模型的归纳能力和泛化能力，将修改后的模型放入目标样本集中训练。

训练的通用参数设置迭代次数为 100，批大小为 32，其他主要超参数基本一致，均为 ImageNet 比赛版本中所使用的设置。使用迁移学习的方法，将学习率设置为 0.000 1，将

ImageNet 的预训练模型迁移到本案例中。

19.6.4 代码实现

1）导入所需要的函数库

```
import os
import sys
import glob
import argparse
import matplotlib.pyplot as plt
from keras.applications.resnet50 import preprocess_input
from keras import applications
from keras.models import Model
from keras.layers import Dense, GlobalAveragePooling2D
from keras.preprocessing.image import ImageDataGenerator
from keras.optimizers import SGD
from keras.callbacks import ModelCheckpoint,ReduceLROnPlateau
```

2）设置数据集和输出权重文件路径，设置训练的参数

```
TRAIN_DIR = './acqua_data/train'  # 训练集数据
VAL_DIR = './acqua_data/validation'  # 验证集数据
OUT_PUT_MODEL_FT = 'VGG16.h5'
IM_WIDTH, IM_HEIGHT = 224, 224
NB_EPOCHS = 100
BATCH_SIZE = 32
FC_SIZE = 128
NB_IV3_LAYERS_TO_FREEZE = 0
```

3）创建读取数据函数，按文件夹读取图片，并且将读取的每个文件夹作为一个类别

```
def get_nb_files(directory):
    '''获取数据集信息'''
    if not os.path.exists(directory):
        return 0
    count = 0
    for r, dirs, files in os.walk(directory):
        for dr in dirs:
            count += len(glob.glob(os.path.join(r, dr + "/* ")))
    return count
```

4）创建迁移学习函数，将所有卷积层设置为不可训练。创建一个优化器，并且设置优化器的种类，损失函数和监测函数

```
def setup_to_tansfer_learn(model, base_model):
    '''冻结全部 CONV 层并编译'''
    for layer in base_model.layers:
        layer.trainable = False
    model.compile(optimizer = 'rmsprop', loss = 'categorical_crossentropy',
metrics= ['accuracy'])
```

5）重新编写模型最后的全连接网络，将最终分类的类别作为全连接层最后的节点数，在本案例中节点数为 4（鱼虾蟹贝四类）

```
def add_new_last_layer(base_model, nb_classes):
    '''添加 fc 层'''
    x = base_model.output
    x = GlobalAveragePooling2D()(x)
    x = Dense(FC_SIZE, activation = 'sigmoid')(x)
    predictions = Dense(nb_classes, activation = 'softmax')(x)
    model = Model(inputs = base_model.input, outputs = predictions)
    return model
```

6）设置数据集和输出权重文件路径，设置训练的参数

```
def setup_to_finetune(model):
    '''冻结除最后 block 之外的层,并编译'''
    for layer in model.layers[: NB_IV3_LAYERS_TO_FREEZE]:
        layer.trainable = False
    for layer in model.layers[NB_IV3_LAYERS_TO_FREEZE: ]:
        layer.trainable = True
    model.compile(optimizer = SGD(lr = 1e- 4, momentum = 0.9),
loss = 'categorical_crossentropy', metrics = ['accuracy'])
```

7）分别绘制训练集和验证集的精度和损失图例。其中损失函数图为点状图，精度图为折线图

```
def plot_training(history):
    acc = history.history['acc']
    val_acc = history.history['val_acc']
    loss = history.history['loss']
    val_loss = history.history['val_loss']
    epochs = range(len(acc))
    plt.plot(epochs, acc, 'b.', label = 'Train_acc')
    plt.plot(epochs, val_acc, 'r- ', label = 'Val_acc')
    plt.title('Training and validation accuracy')
    plt.legend(loc = 'lower right')
    plt.figure()
    plt.plot(epochs, loss, 'b.', label = 'Train_loss')
    plt.plot(epochs, val_loss, 'r- ', label = 'Val_loss')
    plt.title('Training and validation loss')
    plt.legend(loc = 'upper right')
    plt.show()
```

8）获取模型训练的参数

```
def train(args):
    '''先模式一训练,后 finetune 训练'''
    nb_train_samples = get_nb_files(args.train_dir)
    nb_classes = len(glob.glob(args.train_dir + "/* "))
    nb_val_samples = get_nb_files(args.val_dir)
    nb_epoch = int(args.nb_epoch)
    batch_size = int(args.batch_size)
```

9）使用 Keras 自带的数据增强函数对现有的数据集进行增强，Keras 会自动地在每个训练循环开始时进行数据扩增。主要的扩增手段有旋转、平移、翻转、随机变大和剪裁变换等

```
# 生成数据集
train_datagen = ImageDataGenerator(
    preprocessing_function = preprocess_input,
    rotation_range = 30,
    width_shift_range = 0.2,
    height_shift_range = 0.2,
    shear_range = 0.2,
    zoom_range = 0.2,
    horizontal_flip = True
)
val_datagen = ImageDataGenerator(
    preprocessing_function = preprocess_input,
    rotation_range = 30,
    width_shift_range = 0.2,
    height_shift_range = 0.2,
    shear_range = 0.2,
    zoom_range = 0.2,
    horizontal_flip = True
)
train_generator = train_datagen.flow_from_directory(
    args.train_dir,
    target_size = (IM_WIDTH, IM_HEIGHT),
    batch_size = batch_size,
)
validation_generator = val_datagen.flow_from_directory(
    args.val_dir,
    target_size = (IM_WIDTH, IM_HEIGHT),
    batch_size = batch_size,
)
```

10）读取 Keras 当中默认的 VGG 网络模型，设置模型的检查点，保存最优的模型，插入一个自动优化器，当验证集损失值在十个循环内不下降时自动降低学习率

```
base_model = applications.VGG16(weights = 'imagenet', include_top = False)
model = add_new_last_layer(base_model, nb_classes)
best_model_ft = ModelCheckpoint(OUT_PUT_MODEL_FT, monitor = 'val_acc', verbose =
1, save_best_only = True)
learningRate = ReduceLROnPlateau(monitor = 'val_loss', factor = 0.8, patience =
10, mode = 'auto', epsilon = 0.0001, cooldown = 0, min_lr = 0)
# finetune
setup_to_finetune(model)
model.summary()
```

11）设置 Keras 的训练函数将数据扩增后的数据作为输入数据，将训练参数和回调

函数传入训练函数

```
history_ft = model.fit_generator(
    train_generator,
    #  TRAIN_DIR,
    steps_per_epoch = nb_train_samples //batch_size,
    epochs = nb_epoch,
    #  validation_data = VAL_DIR,
    validation_data = validation_generator,
    validation_steps = nb_val_samples //batch_size,
    class_weight = 'auto',
    verbose = 1,
    callbacks = [best_model_ft,learningRate]
)
```

12）保存模型，在控制台输出模型的整体结构，并画出训练函数图像

```
model.save(args.output_model_file)
model.summary()
plot_training(history_ft)
```

13）编写主函数，使用 argparse 函数来获取训练所需要的变量，并将函数值传递到训练函数 train()当中

```
if __name__ == "__main__":
    a = argparse.ArgumentParser()
    a.add_argument("-- train_dir", default = TRAIN_DIR)
    a.add_argument("-- val_dir", default = VAL_DIR)
    a.add_argument("-- nb_epoch", default = NB_EPOCHS)
    a.add_argument("-- batch_size", default = BATCH_SIZE)
    a.add_argument("-- output_model_file", default = OUT_PUT_MODEL_FT)
    a.add_argument("-- plot", action = "store_true")
    args = a.parse_args()
    if args.train_dir is None or args.val_dir is None:
        a.print_help()
        sys.exit(1)
    if (not os.path.exists(args.train_dir)) or (not os.path.exists(args.val_
dir)):
        print("Directory not found")
        sys.exit(1)
    train(args)
```

19.6.5 结果分析

本案例经过 100 次循环的训练，训练集精度达到 99.03%，验证集精度达到 93.23%。本案例使用 1 200 张图片在预训练模型上进行微调，仅经过 100 次循环的训练就得到了较好的分类效果。从实验中可以看出，VGG 预训练模型强大的泛化能力与移植能力，在经过耗费资源较少的改造后，即可应用在样本规模和计算资源都较小的项目之上。

19.7 本章小结

卷积神经网络已在图像分类、目标检测、语义分割、实例分割等计算机视觉领域受到广泛关注,它通过模仿生物神经网络的层次结构,逐层提取数据的本质特征,底层表示抽象细节,高层表示具体语义,在学习过程中无须人工干预,能自动完成特征提取。通过海量样本集训练获得的卷积神经网络模型已经在识别准确率等性能上达到了前所未有的高度。

本章主要介绍了卷积神经网络的基本概念、发展历程、基本网络结构、训练方法和常见网络模型,并着重介绍了迁移学习及其应用案例,初步展示如何利用卷积神经网络解决传统领域的实际问题。

参考文献

[1] HUBEL D H, WIESEL T N. Receptive fields, binocular interaction and functional architecture in the cat's visual cortex[J]. J Physiol, 1962, 160(1): 106 - 154.

[2] FUKUSHIMAK. NEOCOGNITRON. A self-organizing neural network model for a mechanism of pattern recognition unaffectedby shift in position[J]. Biological Cybernetics, 1980, 36(4): 193 - 202.

[3] RUMELHART D E, HINTON G E, WILLIAMS R J. Learning representations by back-propagating errors[J]. Nature, 1986, 323(3): 533 - 536.

[4] MCCLELLAND J L, RUMELHART D E. Explorations in parallel distributed processing: A handbook of models, programs, and exercises [M]. MIT press, 1989.

[5] LÉCUN Y, BOTTOU L, BENGIO Y, et al. Gradient-based learning applied to document recognition[J]. Proceedings of the IEEE, 1998, 86(11): 2278 - 324.

[6] BHAVIK R. BAKSHI. Multiscale PCA with application to multivariate statistical process monitoring[J]. Aiche Journal, 1998, 44.

[7] JEROME F, TREVOR H, ROBERT T. Additive logistic regression: a statistical view of boosting. Annals of Statistics, 2000, 28(2), 337 - 407.

[8] 蒋宗礼.人工神经网络导论[M].北京:高等教育出版社,2001.

[9] BREIMAN, LEO. Random Forests. Machine Learning, 2001,45 (1), 5 - 32.

[10] FRIEDMAN, JEROME H. "Greedy function approximation: A gradient boosting machine." Annals of Statistics, 2001(29): 1189 - 1232.

[11] SCHAPIRE R E. The boosting approach to machine learning: An overview[J]. Nonlinear estimation and classification, 2003: 149 - 171.

[12] VIOLA, PAUL A, MICHAEL J J. "Rapid object detection using a boosted cascade of simple features." Proceedings of the 2001 IEEE Computer Society Conference on Computer Vision and Pattern Recognition. *CVPR*, 2001(1): I - I.

[13] MAASS W, NATSCHLAGER T, MARKRAM H. Real-time computing without stable states: A new framework for neural computation based on perturbations[J].

Neural Computation,2002,14 (11)：2531 – 2560.

[14] 宫秀军,孙建平,史忠植.主动贝叶斯网络分类器[J].计算机研究与发展,2002,39(5).

[15] PHUA P H, MING D. Parallel nonlinear optimization techniques for training neural networks[J]. IEEE Transactions on Neural Networks, 2003, 14 (6)：1460 – 1468.

[16] 吴微.神经网络计算[M].北京：高等教育出版社,2003.

[17] HAN M, XI J H, XU S G, et al. Prediction of chaotic time series based on the recurrent predictor neural network[J]. IEEE Transactions on Signal Processing, 2004, 52 (12)：3409 – 3416.

[18] 阎平凡,张长水.人工神经网络与模拟进化计算[M].北京：清华大学出版社,2005.

[19] 丁士圻,郭丽华.人工神经网络基础[M].哈尔滨：哈尔滨工程大学出版社,2005.

[20] BISHOP C M, NASRABADI N M. Pattern Recognition and Machine Learning [M]. New York：Springer, 2006.

[21] 朱慧明,韩玉启.贝叶斯多元统计推断理论[M].科学出版社,2006.

[22] 韩力群.人工神经网络教程[M].北京：北京邮电大学出版社,2006.

[23] BENGIO Y. Learning deep architectures for AI[J]. Foundations and trends® in Machine Learning, 2009, 2(1)：1 – 127.

[24] XU J H, LIU H. Web user clustering analysis based on KMeans algorithm[C]// 2010 International Conference on Information, Networking and Automation (ICINA). 2010.

[25] 崔万照,朱长纯,保文星,等.最小二乘小波支持向量机在非线性系统辨识中的应用 [J].西安交通大学学报,2011(6)：562 – 565.

[26] KRIZHEVSKY A, SUTSKEVER I, HINTON G E. ImageNet classification with deep convolutional neural networks [C]. International Conference on Neural Information Processing Systems. Curran Associates Inc. 2012：1097 – 1105.

[27] 冯能山,廖志良,熊金志,等.支持向量机用于图像水印技术的研究综述[J].信息系统工程,2012(11)：131 – 133.

[28] 金焱,胡云安,黄隽,等.支持向量机回归在电子器件易损性评估中的应用[J].强激光与粒子束,2012(9)：2145 – 2150.

[29] 徐姗姗.卷积神经网络的研究与应用[D].南京林业大学,2013.

[30] 韩敏.人工神经网络基础[M].大连：大连理工出版社,2014.

[31] 纪昌明,周婷,向腾飞,等.基于网格搜索和交叉验证的支持向量机在梯级水电系统隐随机调度中的应用[J].电力自动化设备,2014(3)：125 – 131.

[32] 司维,曾军崴,谭颖华,Python 基础教程[M].(第 2 版修订版)北京：人民邮电出版社,2014.

[33] CHO K, VAN MERRIËNBOER B, GULCEHRE C, et al. Learning phrase

representations using RNN encoder-decoder for statistical machine translation[J]. arXiv preprint arXiv，2014：1406. 1078.

[34] LECUN Y，BOSER B，DENKER J S，et al. Backpropagation applied to handwritten zip code recognition[J]. Neural Computation，2014，1(4)：541－551.

[35] SOUTNER D，MÜLLER L. Continuous Distributed Representations of Words as Input of LSTM Network Language Model[J]. Springer International Publishing，2014：pp.150－157.

[36] 梁军，柴玉梅，原慧斌，等.基于深度学习的微博情感分析[J].中文信息学报，2014，28(5)：155－161.

[37] LIANG J，CHAI Y M，YUAN H B，et al. Micro-blog emotional analysis based on deep learning[J]. Chinese Journal of information，2014，28 (5)：155－161.

[38] WANG Z，SCHAUL T，HESSEL M，et al. Dueling network architecturesfor deep reinforcement learning[J]. 2015：1995－2003.

[39] SIMONYAN K，ZISSERMAN A. Very deep convolutional networks for large-scale image recognition[J]. arXiv preprint arXiv 2014：1409.1556.

[40] SZEGEDY C，LIU W，JIA Y，et al. Going deeper with convolutions［C］//Proceedings of the IEEE conference on computer vision and pattern recognition. 2015：1－9.

[41] IOFFE S，SZEGEDY C. Batch normalization：Accelerating deep network training by reducing internal covariate shift［C］//International conference on machine learning. PMLR，2015：448－456.

[42] SZEGEDY C，VANHOUCKE V，IOFFE S，et al. Rethinking the inception architecture for computer vision［C］//Proceedings of the IEEE conference on computer vision and pattern recognition. 2016：2818－2826.

[43] 周凯龙.基于深度学习的图像识别应用研究[D].北京工业大学，2016.

[44] 丁嘉瑞，梁杰，禹常隆.Python 语言及其应用[M].北京：人民邮电出版社，2016.

[45] 袁国忠.Python 编程从入门到实践[M].北京：人民邮电出版社，2016.

[46] 周志华.机器学习[M].北京：清华大学出版社，2016.

[47] CHEN T，GUESTRIN C. Xgboost：A scalable tree boosting system［C］//Proceedings of the 22nd acm sigkdd international conference on knowledge discovery and data mining，2016：785－794.

[48] HE K，ZHANG X，REN S，et al. Deep residual learning for image recognition[C]. Proceedings of the IEEE conference on computer vision and pattern recognition，2016：770－778.

[49] 滕飞，郑超美，李文.基于长短期记忆多维主题情感倾向性分析模型[J].计算机应用，2016：2252－2256.

[50] 黄积杨.基于双向 LSTMN 神经网络的中文分词研究分析[D].南京：南京大学,2016.

[51] KARPATHY A，LI F F. Deep Visual-Semantic Alignments for Generating Image Descriptions[J]. IEEE Transactions on Pattern Analysis & Machine Intelligence，2016：664－676.

[52] KE G，MENG Q，FINLEY T，et al. Lightgbm：A highly efficient gradient boosting decision tree[J]. Advances in neural information processing systems，2017，30.

[53] 白静,李霏,姬东鸿.基于注意力的 BiLSTM-CNN 中文微博立场检测模型[J].计算机应用与软件,2018,35(3)：266－274.

[54] 王鑫,吴际,刘超,杨海燕,杜艳丽,牛文生.基于 LSTM 循环神经网络的故障时间序列预测[J].北京航空航天大学学报,2018,44(04)：772－784.

[55] 周涛,吉卫喜,宋承轩.基于决策树 C4.5 算法的制造过程质量管理[J].组合机床与自动化加工技术,2018.

[56] PENG K，LEUNG V C M，HUANG Q. Clustering approach based on mini batch Kmeans for intrusion detection system over big data[J]. IEEE Access，2018，6(99)：11897－11906.

[57] 张致远,刘建明,陈振舜.基于 C4.5 决策树的 VoIP 实时检测系统[J].桂林电子科技大学学报,2018,38(06)：453－458.

[58] 官雨洁,王伟,刘寿东.基于 CART 算法的夏季高温预测模型构建与应用[J].气象科学,2018,38(04)：539－544.

[59] 王茵,郭红钰.基于 CART 的社区矫正人员危险性评估[J].计算机与现代化,2018(08)：73－78.

[60] 江志农,魏东海,王磊,赵志超,茆志伟,张进杰.基于 CART 决策树的柴油机故障诊断方法研究[J].北京化工大学学报(自然科学版),2018,45(04)：71－75.

[61] 李冰,张妍,刘石.基于 LSTM 的短期风速预测研究[J].计算机仿真,2018,35(11)：468－473.

[62] 刘剑桥.基于改进 LSTM 循环神经网络瓦斯数据时间序列预测研究[D].中国矿业大学,2018.

[63] 史逸民,史达伟,郝玲,张银意,王鹏.基于数据挖掘 CART 算法的区域夏季降水日数分类与预测模型研究[J].南京信息工程大学学报(自然科学版),2018,10(06)：760－765.

[64] 袁红春,赵彦涛,刘金生.基于 PCA-NARX 神经网络的氨氮预测[J].大连海洋大学学报,2018,33(06)：808－813.

[65] 魏秀参.解析深度学习——卷积神经网络原理与视觉实践[M].电子工业出版社,2018.

[66] 王柯力,袁红春.基于迁移学习的水产动物图像识别方法[J].计算机应用,2018,38

（5）：1304 – 1308.

[67] 杨丽,吴雨茜,王俊丽,等.循环神经网络研究综述[J].计算机应用,2018,38（A02）：1 – 6.

[68] 王伟,孙玉霞,齐庆杰,孟祥福.基于 BiGRU-attention 神经网络的文本情感分类模型[J].计算机应用研究,2019,36(12)：3558 – 3564.

[69] Eric Matthes.Python 编程从入门到实践[M].北京：人名邮电出版社,2019.

[70] 罗计根,杜建强,聂斌,李欢,贺佳.融合 GINI 指数的 ID3 改进算法[J].南昌大学学报（工科版）,2019,41(01)：80 – 84.

[71] 圣文顺,孙艳文.一种改进的 ID3 决策算法及其应用[J].计算机与数字工程,2019,47(12)：2943 – 2945.

[72] 常雪松,鲁斌.一种 C4.5 决策树的改进算法[J].中国科技信息,2019(22)：82 – 85.

[73] 吴薇,张源,李强子,黄慧萍.基于迭代 CART 算法分层分类的土地覆盖遥感分类[J].遥感技术与应用,2019,34(01)：68 – 78.

[74] 张波.一种改进 ID3 算法及其在高校党员发展中的应用[J].电脑与信息技术,2019,27(02)：41 – 44.

[75] 陈茜,马向平,贾承丰,张节.基于决策树 ID3 算法的人才留汉吸引政策研究[J].武汉理工大学学报(信息与管理工程版),2019,41(02)：148 – 153.

[76] 王德兴,罗静静,袁红春.渔船定位捕捞与环境因子的关联分析[J].导航定位学报,2019,7(04)：42 – 49.

[77] 徐旭冉,涂娟娟.基于决策树算法的空气质量预测系统[J].电子设计工程,2019,27(09)：39 – 42.

[78] HAN Y, CHEN Y F, XU M, et al. Production capacity analysis and energy saving of complex chemical processes using LSTM based on attention mechanism[J]. Applied Thermal Engineering，2019，160：114072.

[79] 袁红春,陈聪昊.基于融合深度学习模型的长鳍金枪鱼渔情预测研究[J].渔业现代化,2019,46(05)：74 – 81.

[80] 倪维健,孙宇健,刘彤,曾庆田,刘聪.基于注意力双向循环神经网络的业务流程剩余时间预测方法[J].计算机集成制造系统,2020,26(06)：1564 – 1572.

[81] 王洪亮,穆龙新,时付更,窦宏恩.基于循环神经网络的油田特高含水期产量预测方法[J].石油勘探与开发,2020,47(05)：1009 – 1015.

[82] 沈潇军,葛亚男,沈志豪,倪阳旦,吕明琪,翁正秋.一种基于 LSTM 自动编码机的工业系统异常检测方法[J].电信科学,2020,36(07)：136 – 145.

[83] 李鹏,杨元维,高贤君,等.基于双向循环神经网络的汉语语音识别[J].应用声学,2020,039(003)：464 – 471.

[84] 滕建丽,容芷君,许莹,但斌斌.基于 GRU 网络的血糖预测方法研究[J].计算机应用与软件,2020,37(10)：107 – 112.

［85］CARLIN B P，LOUIS T A. Bayes and empirical Bayes methods for data analysis ［J］. Statistics and Computing，1997，7(2)：153－154.

［86］刘永强,续毅,贺永辉,柳文斌.基于双向长短期记忆神经网络的风电预测方法［J］.天津理工大学学报,2020,36(05)：49－54.

［87］邹可可,李中原,穆小玲,李铁生,于福荣.基于 LSTM-GRU 的污水水质预测模型研究［J］.能源与环保,2021,43(12)：59－63.

［88］黎壹.基于 LSTM 神经网络的人民币汇率预测研究［J］.中国物价,2021(12)：20－22.

［89］党建武,从筱卿.基于 CNN 和 GRU 的混合股指预测模型研究［J］.计算机工程与应用,2021,57(16)：167－174.

［90］慕春棣,戴剑彬,叶俊.用于数据挖掘的贝叶斯网络［J］.软件学报,2000,11(5)：660－666.